CROSSROAD LAB

威士忌

人氣威士忌 YouTuber 告訴你如何享受威士忌

360° 品飲學

瑞昇文化

前言

我在二〇〇〇年的時候自己出來開店，當時世界威士忌市場一片低迷，許多酒廠部分或完全停止生產，堪稱是威士忌業界的「寒冬期」。許多威迷（威士忌迷）尋不得分享這份快樂的同好，也無法交流資訊，只能暗自地享受這般雅興。

殊不知近年全球反倒掀起一股空前的威士忌熱潮，而且不僅限於蘇格蘭、愛爾蘭等威士忌的發源地，就連波本威士忌等美國威士忌也擺脫長年的低迷，愈賣愈好。至於日本雖然很早就有三得利（Suntory）、日果威士忌（Nikka Whisky）等廠牌生產威士忌，卻到二〇〇八年左右Highball＊大流行，許多日本人才突然愛上威士忌。之後ＮＨＫ製作的晨間連續劇《阿政與愛莉》又進一步吸引更多人深陷威海。由於需求遽增，許多酒廠為了因應原酒不足的窘況也開始提高產能。包含日本在內，世界各地的威士忌酒廠都如雨後春筍般冒出，方興未艾。

日本威士忌也以「Japanese Whisky」之名在國際競賽上屢創佳績，吸引全球目光，如今甚至已經躋身五大威士忌類型之一。

日本這一波「Highball熱」也帶動大批民眾開始認真培養品飲威士忌的興

趣。正因為現代網路普及，蒐集資訊的難度降低，所以我認為任何人都能輕易展開「享受威士忌的人生」。威士忌的種類與品項不勝枚舉，直至今日還在持續增長。

無論你平常已經有在喝威士忌，又或是才準備開始喝威士忌，都應該先掌握最低限度的基礎知識，了解自己手上那支威士忌是怎麼樣的一款酒。我認為這才是「享威人生」的第一步。

本書會以「CROSSROAD LAB」（YouTube頻道）的內容為基礎，介紹更多享受威士忌的方式。每個篇章的標題上方都有一個QR碼，掃碼即可直接連結YouTube觀看對應內容的影片。誠摯歡迎各位讀者搭配影片，深入了解威士忌究竟是怎麼樣的一種酒。

CROSSROAD LAB 老闆

＊譯註：Highball，威士忌加蘇打水（氣泡水），亦稱威士忌蘇打，簡稱「威蘇」。近來也見音譯「嗨啵」。

YouTube頻道

CROSSROAD LAB

https://www.youtube.com/c/CROSSROADLAB

CROSSROAD LAB 為2016年6月創立的YouTube頻道。
早期上傳各式各樣的影片，後來因察覺世界威士忌市場需求大增，
自2019年1月起便逐漸轉型為專門介紹威士忌的頻道。
老闆發揮自身經營餐飲店20年的實務經驗向大眾深入淺出介紹威士忌。
2021年，CROSSROAD LAB已成日本訂閱數最多的威士忌專業頻道。
老闆除了於主副兩個頻道上傳影片之餘，也經常開直播與觀眾聊天，
對於分享新知樂此不疲。

Contents

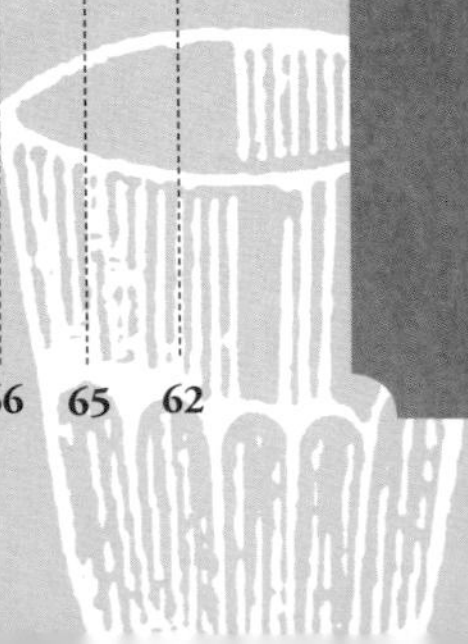

Part4 更加深入威士忌的世界

Part5 有機會一定要喝的威士忌 有機會一定要比較的威士忌

注意事項

- 封面所刊載的頻道訂閱數18.6萬，是採計至2023年1月。
- 本書刊載資訊最後更新日期為2021年11月底。

掃描各章節標題上方的QR碼，即可連結YouTube觀賞對應該部分內容的影片。書中標題為求簡潔，可能與對應影片之標題有所不同。

- 本書中標記「參考品」之品項，為目前無日本代理商代理進口之品項，包含至今尚無代理商正式代理進口、與如今已結束代理之品項。
- 風味描述與品飲心得純屬個人意見。
- 文中品項皆省略標示各™、©、®等商標。
- 本書記述之公司名稱、商品名稱皆為各公司之註冊商標或商標。
- 本書內容僅供參考，對於任何參考本書所衍生之結果，本書作者與出版社概不承擔任何責任。
- 影片與書籍內容偶有不同。
- 內文皆省略敬稱。
- 提及日本各家蒸餾廠時，皆維持原本的漢名，例：山崎蒸溜所。

Part 1

從零開始學威士忌！

威士忌的基礎知識

從威士忌定義與種類到酒標判讀

掌握基礎知識！

從今天開始品味威士忌

威士忌的酒精濃度很高

很多朋友對威士忌好奇，卻不知道該從哪一款開始喝起，也不知道威士忌有哪些種類，所以我們先記住幾個最基本的術語。

廣義來說，威士忌是「以穀物為原料製造的蒸餾酒」，且蒸餾完成的酒液需裝進橡木桶，陳放數年進行熟陳。威士忌都經會過二~三次蒸餾，蒸餾過程會拉高酒精濃度，成品少說也有40%，濃的會超過60%。

麥芽威士忌難以大量生產

製作威士忌的穀物原料，包含了發芽大麥、玉米、裸麥、小麥等等。其中發芽大麥即是我們常說的麥芽(malt)。

麥芽經過糖化（mashing，澱粉轉換成糖分的過程），發酵之後便會以外型宛如大茶壺的壺式蒸餾器（pot still，又稱作單式蒸餾器）進行二~三次蒸餾，提高酒精濃度。

以壺式蒸餾器蒸餾的麥芽威士忌產量有限，不過能反映每間酒廠的特色，所以現在這類型威士忌在全球都很受歡迎。

而穀物威士忌則是以麥芽之外的穀物為原料，並且使用連續式蒸餾器(column still)蒸餾的威士忌。穀物威士忌比起麥芽威士忌更適合量產，所以價格相對也能控制得比較便宜。

認識基本術語
我們才能順利地
進一步了解
威士忌

「威士忌＝以穀物為原料製造的蒸餾酒」

威士忌是以發芽大麥與各種穀物為原料製造的蒸餾酒。白蘭地、伏特加、琴酒、蘭姆酒、龍舌蘭、燒酎皆屬於蒸餾酒；至於清酒、啤酒、葡萄酒則屬於釀造酒，製作過程不會經過蒸餾。

發芽大麥含有的酵素會促進糖化作用，以利後續酒精發酵。

即使是以玉米或其他穀物為原料，糖化過程也需要發芽大麥參與。

麥芽威士忌

以發芽大麥為原料，並使用壺式蒸餾器蒸餾的威士忌。這種威士忌較容易呈現酒廠特色，產量也較少，其中不乏昂貴的品項。

每間酒廠的壺式蒸餾器造型都不一樣，也因為這些差異，造就了千變萬化的酒質。

穀物威士忌

一般指以麥芽以外的穀物為原料製作的威士忌，大多容易大量生產、價格低廉，相反地比較難表現酒廠個性，但也有例外。

連續式蒸餾器會反覆蒸餾酒液，最後做出來的威士忌風味會非常乾淨，幾乎都沒有雜味。補充一點，就算原料為麥芽，若使用連續式蒸餾器蒸餾則仍然屬於穀物威士忌，不能稱作麥芽威士忌。

穀物威士忌也和麥芽威士忌一樣需要桶陳

依蘇格蘭法規規定，蘇格蘭威士忌必須在橡木桶中陳放至少3年，麥芽威士忌、穀物威士忌都一樣。剛蒸餾好的高濃度酒液風味非常粗野，但放入橡木桶內熟陳*（某些威士忌甚至桶陳長達80年！）的過程會逐漸增添各種香氣，轉化成我們熟悉的威士忌風味。

*譯註：熟陳指威士忌於橡木桶中陳年，酒液逐漸熟成的過程。

威士忌的分類

調和式威士忌
(Blended Whisky)

「響」為調和式的威士忌，是以麥芽威士忌與穀物威士忌調和而成的威士忌。

單一麥芽威士忌
(Single Malt Whisky)

「山崎」為山崎蒸溜所生產的麥芽威士忌、「白州」為白州蒸溜所生產的麥芽威士忌。單一麥芽威士忌是全程由單一酒廠製造的意思。

單一穀物威士忌
(Single Grain Whisky)

「知多」為知多蒸溜所生產的穀物威士忌。單一穀物威士忌的意思是全程由單一酒廠生產的穀物威士忌。

威士忌分類基準有二：使用原料、調和與否

接著我們來講解一下如何分類威士忌。先講單一麥芽威士忌。顧名思義，單一指的是單一酒廠；而單一麥芽威士忌的意思就是：來自單一酒廠(single)並且以發芽大麥(malt)為原料製造的威士忌(whisky)。

單一穀物威士忌的意思是：來自單一酒廠並且以發芽大麥以外的穀物為原料製造的威士忌（以發芽大麥為原料但使用連續式蒸餾器蒸餾者亦屬於此類）。

另外一種，以「響」為代表的調和式威士忌，則是使用麥芽威士忌與穀物威士忌調和而成的威士忌。

如何辨別單一麥芽、調和式、穀物威士忌？

在日本的單一穀物威士忌，原料會標示穀物、麥芽。

日本的調和式威士忌背標，材料部分可以看到標示著麥芽、穀物。

單一麥芽威士忌的酒標上會寫SINGLE MALT WHISKY。

譯註：台灣要如何辨別這三款威士忌，就是直接看正面酒標上的英文（或代理商貼標的中文品名）。

調和麥芽威士忌是什麼？

「竹鶴純麥威士忌」調和了來自余市蒸溜所以及宮城峽蒸溜所的原酒；「Nikka session奏樂」則是以上述兩間酒廠與日果旗下的班尼富（Ben Nevis）酒廠麥芽原酒為主軸，調和另外好幾種蘇格蘭麥芽威士忌原酒而成的作品。要提醒各位的是，因為這兩間酒廠製造的原酒種類繁多，而竹鶴純麥有自己的調和配方，所以就算自行將「余市」與「宮城峽」兩款威士忌買回來加在一起，也不會變成「竹鶴純麥威士忌」。

爲什麼穀物威士忌裡面也會加入麥芽?

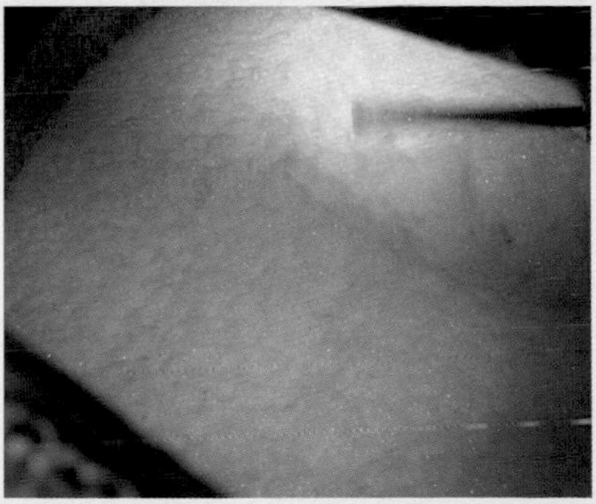

為什麼穀物威士忌背標的原料欄也會標示麥芽？因為大麥發芽後產生的酵素可以幫助穀物糖化、發酵，將澱粉質轉化成糖分、蛋白質轉化成胺基酸，形成酒精發酵所需的原料。

調和蘇格蘭威士忌

左起：
「帝王白牌」、
「白馬調和威士忌」、
「起瓦士 12 年」、
「起瓦士水楢桶 12 年」、
「順風威士忌」、
「約翰走路黑牌 12 年」、
「約翰走路紅牌」、
「百齡罈紅璽」。

適合新手購買的第一支威士忌

日本威士忌的製程主要是參考蘇格蘭威士忌，而蘇格蘭威士忌中的調和威士忌，是以麥芽威士忌與穀物威士忌調和（勾兌）而成的威士忌；由於穀物威士忌較便宜，因此調和威士忌的價格往往也比較親民。雖然近年單一麥芽威士忌成為顯學，調和威士忌的聲量多少下降，但其實綜觀威士忌市場，調和威士忌的銷量還是遠遠大於單一麥芽威士忌。

調和威士忌大多都是以數十種原酒調和而成，整體風味較為平衡，口感也較親近大眾，所以我認為調和威士忌是最適合蘇格蘭威士忌新手喝的酒種。

這些都是超市常見品項，也都是調製Highball的熱門選項。

單一麥芽蘇格蘭威士忌

左起：
「格蘭傑 10 年」、
「格蘭菲迪 12 年」、
「格蘭利威 12 年」、
「麥卡倫 12 年雪莉桶」、
「泰斯卡 10 年」、
「波摩 12 年」、
「雅柏 10 年」、
「拉弗格 10 年」。

有多少間酒廠就有多少單一麥芽威士忌

接下來我們講講單一麥芽蘇格蘭威士忌。單一麥芽威士忌的意思是單一酒廠製造的麥芽威士忌，所以酒廠扮演了十分重要的角色。各位不妨這麼想：世上有多少間酒廠，就有多少種單一麥芽威士忌。

現在蘇格蘭的威士忌酒廠數量已超過130間，有些酒廠也推出不止一項產品；而每一間酒廠都有各自鮮明的特色。

單一麥芽威士忌的價格，普遍比第14頁介紹的調和威士忌還高，主要是因為單一麥芽威士忌只含麥芽原酒。此外，近年來有許多調和威士忌選擇不標明年份，而標準的單一麥芽威士忌通常都會明確標示年份。

原則上年份愈高，價格也愈高。不過年份終究只是一種參考，畢竟好喝的低年份酒款也不少。

蘇格蘭威士忌的產區

不同產區的威士忌風格特色也不一樣

蘇格蘭威士忌產區如左圖所示，可以大致劃分成以下六區：高地區 Highland、斯貝賽 Speyside、低地區 Lowland、艾雷島 Islay、坎培爾鎮 Campbeltown 以及島嶼區 Island。

而第15頁介紹的單一麥芽威士忌剛好各自代表了不同產區，「格蘭傑十年」來自高地區；「格蘭菲迪十二年」、「格蘭利威十二年」及「麥卡倫十二年」來自斯貝賽；「泰斯卡十年」則是來自於斯凱島（Isle of Skye）的島嶼區威士忌。

「波摩十二年」、「雅柏十年」以及「拉弗格十年」都是艾雷島的麥芽威士忌。而艾雷島威士忌在製作過程，通常會使用泥煤（peat）烘乾發芽大麥；泥煤是植物沉積、煤化而成的一種煤炭，而麥芽在烘烤過程中也會燻上泥煤獨特的香氣，形成我們俗稱帶有煙燻味、特色強烈的泥煤威士忌。

在其中特色最鮮明的莫過於「拉弗格」，他們官方文宣甚至直接明白地告訴你「要不愛它，要不恨它（You either love it or hate it.）」，而拉弗格極其特殊的煙燻風味的確也吸引了不少威士忌愛好者。如今這種煙燻味的單一麥芽威士忌已逐漸成為全球威迷追捧的對象。

蘇格蘭本土可分成南北兩大部分，北部為高地區，南部為低地區。其中有許多酒廠都集中在高地區的斯貝賽產區，而且大多建於斯貝河沿岸。至於其他產區，如人稱蘇格蘭威士忌聖地、許多酒廠雲集的艾雷島，以及其餘周邊離島統稱的島嶼區；另外還有座名為坎培爾鎮的港口小鎮也自成一個產區。

泥煤是石楠等植物經長時間沉積、煤化而成的產物。照片為泥煤採集場。

單一麥芽威士忌　用桶藝術

用什麼樣的木桶熟陳也會決定威士忌風味走向

熟陳*是單一麥芽威士忌製程中相當重要的一環，因為使用什麼類型的橡木桶將大大左右威士忌風味。

比方說「拉弗格十年」就是以美國波本桶熟陳。

而「麥卡倫」則主要使用雪莉桶熟陳。雪莉桶是曾經陳放過雪莉酒的橡木桶，雪莉酒是一種西班牙傳統的加烈葡萄酒**。「波摩十二年」則調和了波本桶原酒與雪莉桶原酒。

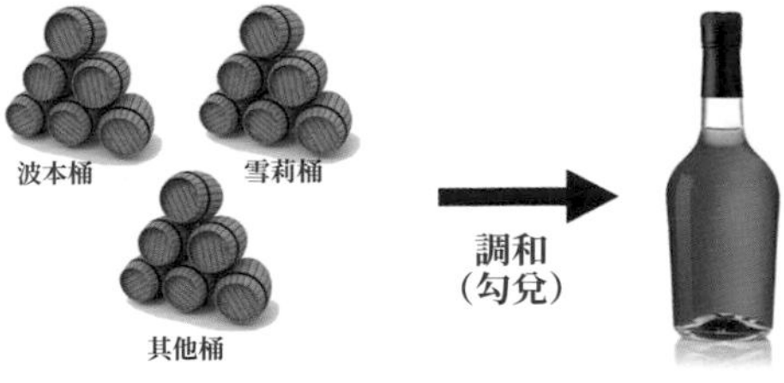

其實單一麥芽威士忌也是需要勾兌、調和，並不是橡木桶裡的酒液裝瓶後直接上市。一般來說，酒廠的經典品項都是以上百桶原酒調和而成；不過有時候也會精選少數桶原酒進行調和，以限定款的名義推出。除了上述兩種橡木桶，最近很多酒廠也開始嘗試使用不同的橡木桶來陳放威士忌，例如紅酒桶、龍舌蘭桶（近年蘇格蘭法規修改，已經許可使用龍舌蘭桶）、蘭姆酒桶、啤酒桶以及燒酎桶等等。換句話說，蘇格蘭威士忌通常都是使用其他酒用過的舊桶熟陳；但當然也有用全新橡木桶熟陳的例子。

譯註
*：威士忌於橡木桶中陳年，熟成的過程
**：加烈葡萄酒（Fortified Wine）於葡萄酒釀造過程加入烈酒以制止酵母作用的一種酒類

對於用桶的堅持

威士忌在桶陳期間也會自然蒸發，這些因蒸發而減少的分量稱作「天使稅（Angel's Share，亦稱天使份額）」。

由於全球威士忌需求高漲，西班牙雪莉桶供不應求，所以現在大多酒廠都會自行培養雪莉桶。

左起：「傑克丹尼爾」、日本人所熟悉的「I.W Harper金牌」、口感辛辣的「野火雞8年」、全球賣最好的波本威士忌「金賓」、知名工藝波本威士忌「美格」、廣受日本人喜愛的「時代」以及「四玫瑰」。

美國威士忌

美國威士忌的原料以玉米爲主

美國威士忌泛指所有美國製造的威士忌，而上方照片的威士忌，大多都是屬於美國威士忌中的波本威士忌（Bourbon Whisky）。

其中只有「傑克丹尼爾」並非波本威士忌，而是田納西州生產的田納西威士忌。雖然傑克丹尼爾的製程基本上和波本威士忌一樣，但它還多了一項獨一無二的糖楓木炭過濾法（Charcoal Mellowing）。順帶一提，傑克丹尼爾是全世界賣最好的美國威士忌。

基本上，波本威士忌的原料以玉米居多，而且法規規定原料必須包含51%以上的玉米，另可搭配裸麥、小麥、大麥等其他穀物。每間酒廠、每個品牌都有自己的配方，這些配方也是決定波本威士忌風味的關鍵之一。

玉米需占原料的51%以上

除了玉米，也會使用小麥、裸麥等各種穀物。

獨特熟陳方式造就波本風貌！

波本威士忌大多沒有標示年份的習慣，其中一項理由是因為美國氣候相對溫暖，威士忌熟成速度較快，所以比較不會刻意追求年份的數字。也因此波本威士忌往往比蘇格蘭威士忌便宜一些。

波本威士忌還有一項特色：一定要使用內部燒烤至碳化的全新橡木桶熟陳。雖然波本威士忌的原料也包含麥芽，但目的是為了借助麥芽的酵素作用促進糖化與發酵過程。若以蘇格蘭威士忌的定義來看，波本威士忌亦可視為一種穀物威士忌或者是調和威士忌。

波本威士忌獨特的甜美魅力

美國威士忌的種類除了波本威士忌和田納西威士忌，還有以裸麥為主要原料的裸麥威士忌、以小麥為主要原料的小麥威士忌、原料中的玉米分量遠超乎波本的玉米威士忌等等。最近有些酒廠也開始仿效蘇格蘭威士忌，推出單一麥芽威士忌。

我建議一開始喝美國威士忌，可以先從第18頁介紹的幾款知名波本威士忌和田納西威士忌開始嘗試。

使用炙燒至焦黑的新桶熟陳

蘇格蘭威士忌習慣使用雪莉桶、波本桶、紅酒桶之類曾經裝過其他酒種的舊桶熟陳，而波本威士忌則會使用全新製作的橡木桶，並將木桶內壁炙燒到焦化後再用來陳放酒液。這種將木桶內側燒至焦黑的過程稱作「燒烤（char）」，燒烤過的橡木桶在陳放過程可以賦予酒液獨特且甜美的香草風味，而且炭化的部分也有助於吸收威士忌本身一些比較不討喜的成分。

https://luxrowdistillers.com/bourbon-barrel-charring-process/

https://www.npr.org/sections/thesalt/2014/12/29/373787773/as-bourbon-booms-demand-for-barrels-is-overflowing

右：「尊美醇」日本經常用來調製Highball。
左：「加拿大會所 黑牌」也簡稱為C.C。

愛爾蘭威士忌與加拿大威士忌

愛爾蘭酒廠數量急遽增長中

愛爾蘭威士忌即產自於愛爾蘭的威士忌。現在愛爾蘭的威士忌業界正處於非常活絡的狀態。

上方照片中的「尊美醇」是日本最大宗的愛爾蘭威士忌，也是全球賣最好的愛爾蘭威士忌。

據說18世紀到19世紀，包含地下酒廠在內，愛爾蘭共有將近２０００座酒廠；後來經過一番波折，截至２０１０年，全愛爾蘭的威士忌酒廠數量銳減到只剩下三間。不過２０１０年以來旺盛的全球威士忌熱潮，讓愛爾蘭又重新蓋起了酒廠，目前酒廠數目已經增長到約40間。

聲勢看漲的加拿大威士忌

加拿大威士忌即產自於加拿大的威士忌。其中「加拿大會所黑牌」是日本最知名的加拿大調和威士忌。加拿大威士忌和愛爾蘭威士忌的情況類似，以前有很多酒廠，但沒落了一段時間，近期才又慢慢地開始冒出一些工藝酒廠。

日本威士忌（調和威士忌）

三得利旗下的調和威士忌

左起：「響」、「Suntory Royal」、「Suntory Old」、「Suntory Special Reserve」、「三得利角瓶」。其中角瓶以外的四支威士忌皆符合日本威士忌的法規定義。

日果旗下的調和威士忌

左起：
「Nikka Black Clear」、
「Black Nikka Deep Blend」、
「Black Nikka Rich Blend」、
「Nikka Black Special」、
「Nikka Super」、
「Nikka from the Barrel」。
以上皆調和了日果旗下日本酒廠生產原酒與國外原酒。

威士忌熱潮洶湧之際確立的日本威士忌定義

現在日本威士忌在市場上的聲勢如日中天，也因此出現原酒不足的問題，現在要在酒品專賣店上，看到第22～23頁照片裡的那幾款日本威士忌也很不容易。

有鑑於這樣的情況，2021年4月1日，日本威士忌的新定義正式上路。然而這套準則是由許多威士忌廠牌所屬的日本洋酒酒造協會制定，因此對於沒有加入協會的公司來說並無約束力。但考量到過去從來沒有一套公定的日本威士忌定義，我想這已經是意義非凡的第一步了（詳細內容請見第63頁）。

日本單一麥芽威士忌

左起：
三得利的「山崎」、
「山崎 12 年」、
「白州」、
「白州 12 年」；
日果的「余市」、
「宮城峽」。
以上都是冠上酒廠名稱的日本單一麥芽威士忌代表。

帶起日威狂潮的「山崎」、「白州」

日本單一麥芽威士忌可謂現今日本威士忌狂潮中最耀眼的一顆星。

這些單一酒廠生產的麥芽威士忌，風味都反映了每間酒廠不同的特色以及堅持。

其中三得利旗下的「山崎」與「白州」系列產品是日本歷史相當悠久的單一麥芽威士忌品牌，如今也享譽國際。兩系列的產品線皆包含「無年份款」、「12年」、「18年」、「25年」。

日果威士忌旗下的單一麥芽威士忌則有「余市」及「宮城峽」，這兩款同樣是非常受歡迎的威士忌。

工藝威士忌的先驅 Ichiro's Malt

位於日本埼玉縣秩父市的秩父蒸溜所推出的「Ichiro's Malt」也是市場上一瓶難求的日本威士忌，甚至曾在國外拍賣會上以天價決標。比如近年的國際拍賣會上，全套 Ichiro's Malt 羽生撲克牌系列（共54瓶）就以將近一億日圓（含手續費與諸費用）的價錢決標。至於 Ichiro 這個名稱，就是來自秩父蒸溜所的創辦人肥土伊知郎(Akuto Ichiro)的名字。

右：「秩父白葉」。這支酒調和了許多海外原酒以及自家原酒，故又號稱世界調和威士忌。左：「Ichiro's Malt 秩父 The First Ten」。這是秩父蒸溜所推出的第一支年份單一麥芽威士忌。

以上為這1～2年許多新興工藝酒廠推出的威士忌，而且都是單一麥芽威士忌。目前日本法規並無規定桶陳年數，都是比照蘇格蘭威士忌，以3年以上為準（工藝酒廠說明見第67頁）。

期待十年後的日本威士忌

近年日本威士忌崛起，許多工藝酒廠也如雨後春筍般冒出。上方兩張照片都是新興酒廠或傳統酒廠引進新設備後新推出的威士忌。光是這樣排開就已經很豐富了，如果再加上尚在規劃的酒廠，目前日本共有超過50座威士忌酒廠（詳見第67頁）。2000年初期，日本的威士忌酒廠數量還寥寥無幾，如今竟然已經上看50座。相信未來還會持續增加。

一想到十年後這些酒廠將陸續推出屬於他們的單一麥芽威士忌，實在教人期待。現在這些酒廠大多還在摸索階段，不斷推出實驗性的小批次品項，價格也還壓不下來，但如果你有興趣參與這些酒廠的成長過程，除了可以到酒吧點單杯，也可以上各個酒廠的官方網站查詢有沒有抽籤販售的活動。

其他國家的威士忌

左起：印度的「雅沐特融合單一麥芽威士忌」、「雅沐特泥煤單一麥芽威士忌」、台灣的「噶瑪蘭Oloroso雪莉桶單一麥芽威士忌」、「噶瑪蘭經典獨奏波本桶原酒」、「噶瑪蘭經典單一麥芽威士忌」。

印度與台灣的單一麥芽威士忌

我們一般在說的世界五大威士忌為：蘇格蘭、美國、日本、愛爾蘭及加拿大威士忌。但除了這些地方，我還挑了兩個特別值得關注的威士忌生產國。

首先是印度的「雅沐特」。其實印度是全球威士忌消費量最多的國家，而全世界銷量最高的威士忌也是印度的威士忌。只不過很多印度威士忌並不符合其他國家對威士忌的定義，因此有很多品項只供內銷，很難在印度以外的地方找到。但「雅沐特」則是完全遵循蘇格蘭威士忌製程生產的單一麥芽威士忌品牌，品質優異，在國際競賽上的表現也很亮眼。

另一個是台灣的噶瑪蘭酒廠。噶瑪蘭的威士忌也在國際競賽上得獎無數，斬獲了不少好口碑。以往我們總認為溫暖地區要生產威士忌很困難，但現代技術進步，證明了溫暖地區也能產出高水準威士忌。再加上印度和台灣都屬於氣候炎熱的地區，因此威士忌熟成的速度也很快，短短幾年就能造就相當圓熟的風味，這也是印度與台灣威士忌的一大優勢。

品飲威士忌的方法

原則上品飲威士忌最好是常溫純飲

接下來介紹品飲威士忌的方法。先講解純飲（Straight/Neat）＊。威士忌本來就是以純飲為前提製造的飲品。

如果在日本的酒吧點威士忌純飲，通常會得到30mℓ的威士忌，並且裝在專業的品飲杯中。品飲杯圓鼓鼓的杯型（肚子）有助於保留威士忌的香氣，能夠帶來更好的品飲體驗。

有些人聽我這麼說或許會感到意外，但在蘇格蘭和愛爾蘭，人們都習慣常溫純飲威士忌。為什麼要常溫喝？因為溫度太低可能會降低我們對甜味與其他風味的感受，反而凸顯苦味。不過威士忌的酒精濃度比較高，我相信也有不少人會覺得直接喝太刺激。但別擔心，其實在威士忌裡加點水也沒有關係。如果你覺得純飲威士忌太濃烈，不妨加入常溫水稍作稀釋。有一種喝法稱作兌水（twice up），就是以等量的水兌威士忌的喝法。但也不必精準算到水：酒＝1：1，重點是慢慢地加水，調整到自己可以接受的濃度。其實科學研究也證實，加一點點水反倒能釋放出更多威士忌的香氣。雖然有些威士忌純飲時的酒精刺激感很強烈，但只要加點水就可以軟化口感，以凸顯酒本身的甘甜、果香等特色。所以純飲威士忌時，不妨在旁邊先準備一點Chaser＊＊。不過當然，你愛怎麼喝就怎麼喝。

譯註
＊：英文來說neat才是最標準的常溫純飲說法。Straight一詞用法較混亂，但通常是指straight / up，即威士忌加冰冷卻後，再過濾掉冰塊倒入杯中飲用。
＊＊：飲用烈酒後以緩解味蕾刺激、重置味覺為目的提供的飲品，通常是冰水、氣泡水等中性飲料，例如：水。

威士忌的風味屬於後天習得的味覺（acquired taste）

威士忌並不是某天心血來潮想喝就能喝懂的東西。如同咖啡、啤酒、芥末，這些一開始可能會覺得難吃、難喝的東西，我們需要累積一些經驗，才會慢慢感覺出它們的美味。這種情況我們會稱之為後天習得的味覺。

水割與Highball的基本比例為1：3

再來要介紹加入冰的喝法（On the Rock），就是杯中放入冰塊，再倒入威士忌的喝法。需要注意的是，最好選擇透明的大冰塊，因為這種冰塊融化速度慢，能給我們充分的時間慢慢品嘗風味的變化。

倒入威士忌後，要不要攪拌端看個人喜好。攪拌的作用是迅速降低酒液溫度，但有些人比較喜歡讓威士忌慢慢降溫，所以倒入威士忌後也可以直接先喝一口，如果覺得太刺激再和純飲一樣加水稀釋就好。

接下來介紹水割(Mizuwari)。水割時，通常是以1份的威士忌兌3份的水為準，至於要調得較濃或較淡，則視選用的威士忌而定。由於每一種威士忌的酒精濃度、風味不盡相同，所以調製水割也沒有一定的比例，各位不妨嘗試找出自己喜歡的酒水比。

最後介紹人氣居高不下的Highball（威士忌蘇打）。做法是先在杯中加入冰塊並且攪拌、冰鎮杯子；冰塊在冰鎮杯子的過程會融出一點水，加酒前務必將這些多餘的融水瀝乾。

調製Highball時，基本比例一樣是以1份的威士忌兌3份的氣泡水。倒入威士忌後，要先稍作攪拌讓酒液降溫，減少氣泡水與酒液的溫差，避免氣泡消散速度過快。加入氣泡水時動作務必輕柔，由於氣泡水加入時會自然與底下的威士忌混合，所以最後只需要插入攪拌棒，沿著杯子轉一圈就夠了。

同時品飲比較多款威士忌時，重要的是分量一致。建議先以量酒器裝取固定的分量再倒入杯中，這樣比較容易品飲。在酒吧點一份威士忌，通常分量是30mℓ（one shot）。

調製Highball時，若過度攪拌容易加速氣泡散失，所以加入氣泡水後只需要將攪拌棒插入杯中轉個一圈就夠了。加入氣泡水時，記得要瞄準冰塊與杯子間的縫隙輕柔加入。

如何累積品飲經驗

只要多累積經驗 味覺自然會進化

前面我們介紹了各式各樣的威士忌，不過要把前面介紹過的威士忌統統喝過一遍也沒那麼容易，畢竟一瓶威士忌就有700~750毫升，價格也不便宜。

而且有些人喜歡蘇格蘭威士忌，卻喝不習慣波本威士忌，也有人的狀況是反過來的。但總而言之，很多事情都是要喝得夠多才會明白。只要有意多多嘗試不同的威士忌，自然更有機會找到自己喜歡的風味，而且我們的味覺也會逐漸變化。有興趣的人不妨參考看看左邊介紹的幾種途徑。

各種能喝到威士忌的途徑

1 上酒吧或餐酒館

有時候在酒吧還有機會喝到舊版或稀有款威士忌。而且和老闆邊聊邊喝威士忌，喝起來也會更盡興。

2 購買小瓶裝威士忌

很多品牌都有推出小瓶裝的威士忌，提供一般消費者平常在家小酌。

3 選擇分裝販賣的服務

現在日本悄悄流行威士忌分裝販賣的服務。有店家會提供昂貴、稀有的威士忌，不妨抱著輕鬆的心情嘗試看看。

4 與同好共享

認識其他同好，享受威士忌也會更有趣。我們可以透過網路尋找同好，當然也可以找現實生活中的朋友一起喝，社群媒體或公開的多人聊天室中也不乏專門討論威士忌的社團；我們可以和這些同好少量分享彼此的威士忌。除此之外，同好之間也可以交流資訊。

如何讀懂威士忌酒標

麥卡倫雪莉桶12年

麥卡倫酒廠座落於斯貝賽，不過斯貝賽又亦位於高地區，故酒標上標記的產區為高地區。

麥卡倫的品牌名稱，同時也是酒廠的名稱。有時候品牌與酒廠的名稱不見得一樣。

標示使用原酒中最低的熟陳年數。由此可以判斷這支酒含有至少桶陳12年以上的原酒。

意思是使用精選西班牙雪莉酒桶熟陳。

就算看不懂英文，單字拼拼湊湊起來還是能獲得不少威士忌的資訊。

Check!

背標的資訊……

試著記住一些與威士忌有關的英文單字，有助於我們閱讀背標，了解威士忌。

布萊迪　經典萊迪威士忌

由此可知這是由布萊迪酒廠製作的威士忌。

SCOTTISH BARLEY的意思是原料使用蘇格蘭大麥。

UNPEATED代表製作過程不使用泥煤。不喜歡泥煤味的朋友可以記住這項標記。

這裡標示了這支威士忌在蒸餾、陳年、裝瓶的過程中皆無經過冷凝過濾與色素調色。

雅柏10年

正面與背面的酒標上都記載滿滿的資訊。有時候日本官方代理版的背標說明也會翻譯成日文（譯註：台灣比較少見）。

酒標是資訊的寶庫

仔細閱讀威士忌的酒標，便能獲得許多關於那支威士忌的詳細資訊。包含使用原酒的最低熟陳年數、酒廠名稱，甚至還有製程資訊。就算看不懂英文，只要記住幾個和威士忌有關的英文單字，任何人都可以透過酒標了解那支酒。

「UNPEATED」有的時候也會寫成「NON PEATED」，意思是製造過程中沒有使用泥煤。「CHILL FILTERED」指的是冷凝過濾的意思，所以「NON CHILL FILTERED」、「UNCHILL FILTERED」是未經冷凝過濾的。至於「NON COLORING」則代表那支威士忌沒有使用焦糖色素調色。酒標上的資訊愈詳盡，我們也愈能感覺出那間酒廠的堅持。

伊凡威廉12年

101 PROOF

PROOF是美國和英國標示酒精強度的單位。美制PROOF乘以0.5、英制PROOF乘以0.571就可以換算成我們熟悉的酒精濃度。左圖為美制PROOF，所以酒精濃度為50.5%。提醒各位，並不是所有美國威士忌都是波本威士忌，但波本威士忌的酒標上一定會標記「Bourbon」。

秩父白葉

World Blended Whisky

意思是使用世界各地的原酒調和，底下幾行英文的意思是「由秩父蒸溜所創始人——肥土伊知郎調和」。Non Chill-Filtered、Non Colored則代表這支酒未經過冷凝過濾，亦無添加色素。

百齡罈17年

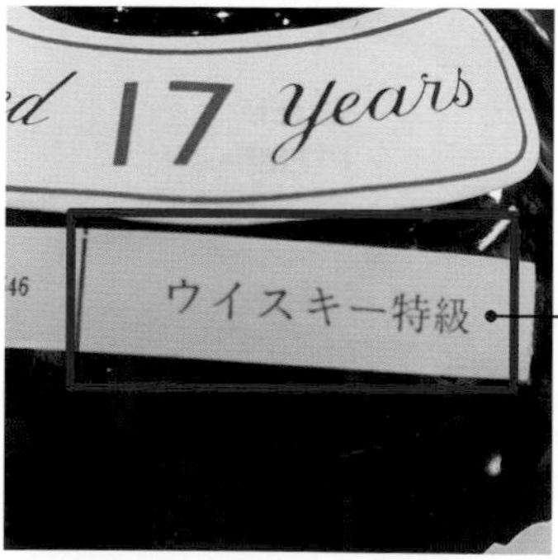

威士忌特級

這是日本特有的制度。日本1962年～1989年這段期間，根據《酒稅法》規定，市場上的威士忌都需要標示等級。這項規定已經於1989年4月廢除，所以如果看到瓶身上有這種標示，代表那是1989年4月以前生產的老酒。

麥卡倫雪莉雙桶12年

DOUBLE CASK

意思是勾兌（調和）了來自2種不同類型橡木桶的原酒。注意，是2種橡木桶，不是2個橡木桶，所以其實其中包含來自好幾個橡木桶的原酒。

格蘭菲迪18年小批次

SMALL BATCH RESERVE

意思是以少數幾桶原酒調和而成的單一麥芽威士忌，代表這支酒只用某幾桶特別優秀的原酒調和的作品。有一說認為RESERVE的意思是「這一批威士忌的水準優秀到讓人想自己收藏起來喝」。

卡爾里拉 1996～2014

DISTILLED 1996 SEPTEMBER
BOTTLED 2014 SEPTEMBER

意思是1996年9月蒸餾、2014年9月裝瓶。以裝瓶日期減去蒸餾日期，即可得知這支酒大約在橡木桶中陳放了18年。452 BOTTLES代表這一批次共裝了452瓶。

Column

威士忌酒瓶設計更迭與

版本更新的謎團

威士忌偶爾也會出現版本更新的情況，諸如酒標設計改變、瓶身設計改變，就連味道也會改變。為什麼會這樣？

每間酒廠的經典品項，都是以眾多橡木桶的原酒調和而成。尤其基本款因為需要維持產量穩定，所以多用一些不同的原酒調和才容易維持風味的一致，也能確保長期供應。也因此，假如原本使用的原酒沒了，自然需要更新配方。這種時候，酒廠也可能趁機更新瓶身設計。另外，就算一款酒瓶身設計都沒變過，調和用的原酒分量終究有限，所以長年下來風味多少改變也很正常。

現在的新版酒款還有一個現象，就是使用較多年輕原酒。由於以前威士忌賣得沒那麼好，所以很多酒廠的經典款品項年份都不低。如今全球威士忌市場蓬勃，酒廠認為高年份原酒另外裝瓶，作為高年份品項販售利潤較高；因此有些酒廠也會趁著更新酒款、改變配方之際降低生產成本。另外，酒廠經理或蒸餾負責人更替時，調和配方也可能改變。很多蘇格蘭威士忌酒廠在歷史上也更換過好幾任經理；隨著新經理上任，酒廠的設備與酒款的製程也有可能調整，味道當然也會改變（不過凡事都有例外）。就像這樣，威士忌之所以更新版本，背後往往有很多原因。

上起：「泰斯卡」、「格蘭菲迪」、「愛倫」的新舊瓶裝比較。相信每個人對於自己剛開始喝威士忌時的瓶裝都有一些回憶，有機會不妨比較看看新舊版本的味道有什麼差異。

Part 2

在家享受威士忌

介紹最適合調製Highball的威士忌、所需器具、
以及透明大冰塊的作法

新手入門

各種威士忌喝法

純飲（Straight／Neat）

品嘗威士忌的原汁原味

1

用量酒器裝取所需分量的威士忌再倒入杯中

量酒器量好30mℓ的威士忌，再倒入杯中。雖然自己在家喝用不著這麼精準，不過準備一個量酒器可以幫助我們控制飲酒量。

30mℓ＝約1盎司（1 Shot）

2

準備一杯水

準備一杯常溫水，以便我們隨時加水調節酒精濃度。裝水的容器不限。

品飲過程慢慢加水也是一種樂趣

加水時請一滴一滴慢慢地加，這樣才能享受到威士忌風味的變化，也容易我們調整到最適宜的風味。

3

再準備一杯水當Chaser

別忘了準備一杯 Chaser（喝下烈酒後接著喝的水或氣泡水）。一口酒、一口 Chaser，才是純飲威士忌的好方式。

兌水(Twice up)

以等量的水稀釋威士忌的喝法

1

將威士忌倒入杯中，再加入等量的水

像純飲那樣在享用威士忌的過程慢慢加水當然好，不過一開始就加入等量的水稀釋也是不錯的喝法。筆者的店裡也有不少客人喜歡這麼喝。

2

再準備一杯水當Chaser

雖然我們的威士忌已經加了等量的水稀釋，但建議還是再準備一杯水當作Chaser。原則上除了Highball、水割以外的喝法，都建議準備一杯Chaser（常溫水即可）。

加一點水可以打開威士忌的風味

兌水不僅可以釋放威士忌的香氣、降低刺激口感，也因為稀釋了酒精濃度，我們能夠更清楚嘗到威士忌的風味。很多威士忌酒廠的調和師(Blender)在確認原酒風味時，也會像這樣加入等量的常溫水、不加冰。因為加冰水會鎖住威士忌的香氣，加入常溫水才能充分享受到威士忌應有的香氣。

Check!

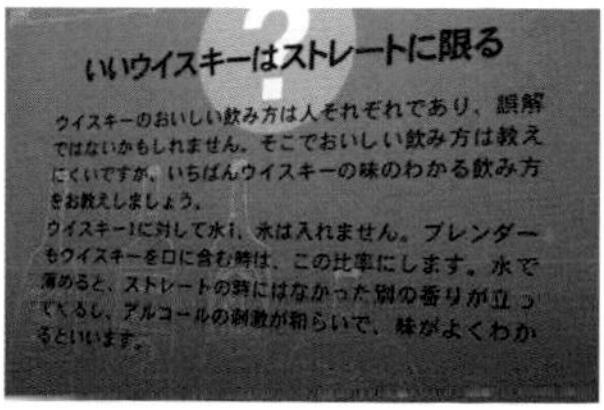
いいウイスキーはストレートに限る
ウイスキーのおいしい飲み方は人それぞれであり、誤解ではないかもしれません。そこでおいしい飲み方は教えにくいですが、いちばんウイスキーの味のわかる飲み方をお教えしましょう。
ウイスキー1に対して水1、氷は入れません。ブレンダーもウイスキーを口に含む時は、この比率にします。水で薄めると、ストレートの時にはなかった別の香りが立ってくるし、アルコールの刺激が和らいで、味がよくわかるといいます。

圖為余市蒸溜所內的說明告示，講解為何以兌水方式飲用更能清楚品嘗到威士忌的風味。

加冰(On the Rock)

加冰不加水的喝法

1

杯子裝冰塊

杯中放入冰塊。建議選擇完整的大冰塊，或是某些便利商店會賣那種較大顆且不規則形狀的透明冰塊，這種冰塊的優點是融化速度較慢。也可以參考第 58 頁的內容，輕鬆自製透明冰塊。

2

量30mℓ的威士忌加入杯中

30 mℓ只是一個參考，平常在家喝的時候請以自己可以負擔的分量為準。

3

冰鎮

用攪拌棒之類的器具轉動冰塊，冰鎮威士忌。但也可以放著不動，讓威士忌慢慢降溫，感受風味一點一點變化。

再加入等量水的半冰半水喝法

如果覺得只加冰喝起來還是太刺激，可以試試看「半冰半水 (Half Rock)」，也就是加冰後再加入和威士忌分量相同的水，這樣喝起來會更順口。

水割（Mizuwari）

加冰並兌大量水的喝法

1

杯子裝冰塊

杯中放入冰塊。製作水割時，建議使用容量 300 mℓ 的玻璃杯。這樣較容易掌控冰塊、水、威士忌（30 mℓ）的比例，而且看起來分量也會剛剛好。

2

量30mℓ的威士忌加入杯中

用量酒器裝 30 mℓ的威士忌倒入杯中。製作水割時，水和威士忌的比例很重要，所以我建議用量酒器仔細測量。

3

1份威士忌（30mℓ）兌上2.5份的水

水割的參考比例為 1 份威士忌（30 mℓ）兌 2.5 份的水。如果覺得這樣太濃，也可以調整成 1 份威士忌兌 3 份水。各位可以依自己的喜好決定要加多少水。

建議比例為1：2.5、1：3

雖然要加多少水視個人口味而定，不過一般來說，水割要調得好喝，水量最好拿捏在威士忌分量的 2.5 ～ 3 倍。但如果覺得 3 倍的水喝起來還是太濃，再多加點水也沒問題的。

Highball（威士忌蘇打）

威士忌加氣泡水的喝法

1

將威士忌倒入裝了冰塊的杯子

調製 Highball 用的杯子和水割一樣，以容量 300 mℓ 的玻璃杯較為剛好。首先杯中加入冰塊，先行攪拌冷卻杯子。冷卻後瀝除冰塊的融水，接著倒入 30 mℓ的威士忌。

2

注入氣泡水

先稍微攪拌威士忌降溫，再倒入氣泡水。倒入氣泡水時請參考左圖，盡量不要碰到冰塊，並且記得慢慢加入，才可以避免氣泡消散得太快。

3

混合

調製 Highball 時，氣泡自然會幫助酒水混合，所以最後頂多只要用攪拌棒轉個一圈即可，甚至不用攪拌也 OK。

最後淋上些許威士忌

Highball 調製完畢後，可以再淋上一匙左右風味特色強烈的威士忌，發揮畫龍點睛的功效。喜歡泥煤味的人，可以加一點「拉弗格」或「雅柏」；喜歡來點不一樣感覺的人，也可以試著撒點黑胡椒、山椒或是淋上一點蜂蜜。

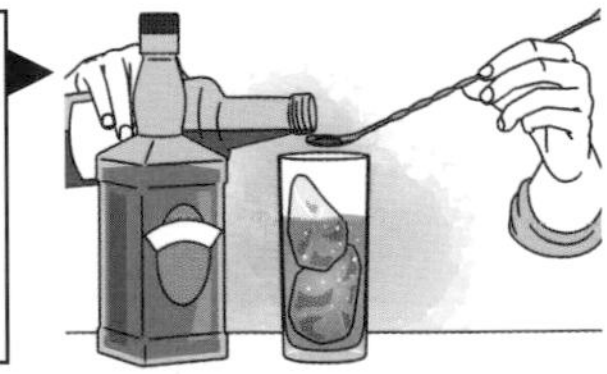

神戶式Highball

從神戶發跡的不加冰Highball

1

將冰鎮過的威士忌倒入冰鎮過的杯子

事先將杯子放進冷凍庫徹底冰鎮。調製時將同樣放在冷凍庫冰鎮好的威士忌倒入杯中。

2

加入冰涼的氣泡水

直接將冰冰涼涼的氣泡水注入杯中即完成。神戶式 Highball 沒有加冰塊，因此喝的時候不必擔心味道會愈喝愈淡。

發跡於神戶的濃郁Highball

從其名字就可以猜到，「神戶式Highball」是發祥自日本兵庫縣神戶市的喝法，特色在於不加冰塊，直接將冰鎮過的威士忌和氣泡水加入冰鎮過的杯子。這種喝法從以前就受到許多神戶人的喜愛，因為神戶式Highball沒有加冰塊，所以不會愈喝愈淡，直到最後一口都能品嘗到威士忌濃郁的風味。另一個特色是氣泡不容易散失，所以也能長時間維持刺激的口感。神戶式Highball比一般Highball冰得更徹底，夏天喝起來特別暢快。

最後還可以稍微噴上一點檸檬皮油或柳橙皮油增添香氣，享受不一樣的感覺。

加碎冰（Mist）

加入大量冰塊享用的喝法

1

杯中加入碎冰

使用碎冰機或冰鑿製作碎冰（比刨冰的顆粒再粗一點的細碎冰塊），接著如示意圖將碎冰裝滿杯子。

2

倒入威士忌

用量酒器裝取 1 Shot（30 mℓ）的威士忌。雖然要喝多少端看個人喜好，不過建議 30 ～ 45 mℓ較剛好。量好威士忌的分量後緩緩倒入杯中。

3

攪拌

使用攪拌棒攪動個 2 ～ 3 圈即可，因為威士忌接觸到杯中大量碎冰時便會迅速降溫（甚至不攪拌也可以）。最後還可以依個人喜好擠入些許檸檬汁，或放上一片薄荷葉。

每一口的味道都不一樣！

加碎冰（Mist）和加大冰塊（Rock）的差異在於前者用的冰塊較細碎，所以冰塊融化的速度較快，因此每一口都可以嘗到不一樣的風味，這也是其最大的魅力。

漂浮威士忌（Whisky Float）

享受酒水完美分層的視覺饗宴

1

杯中先裝水，再輕輕淋上威士忌

先在杯子裡放冰塊，加適量的水，然後再輕輕淋上威士忌。喝的時候直接喝，不用攪拌，這樣每一口都可以嘗到不同的風味。

漂亮的上下分層！

由於酒水完全分層，所以威士忌的風味有時間慢慢變化；視覺上看起來也有一番樂趣。

熱飲

威士忌兌熱水

1

將威士忌和熱水倒入耐熱玻璃杯

準備一個耐熱玻璃杯，加入 30 mℓ的威士忌，接著直接加入熱水即完成。完成後不需要攪拌。也可以先加熱水再加威士忌。

10款

精選適合在家調Highball用的威士忌！不囉嗦純推薦版

多嘗試幾種威士忌就會找到自己的喜好

以下我會介紹幾款適合自己在家調Highball時用的常見威士忌。不知道要買哪一支的時候不妨參考這幾支，當然也可以每一種都嘗試看看。

第一款是全球最暢銷的蘇格蘭威士忌「約翰走路」，其中紅牌和黑牌兩款也是許多人調製Highball時的首選；另一款是「帝王白牌」，有一說認為發明Highball喝法的就是這個品牌；「百齡罈」以平衡的風味聞名，而且約莫1000~2000日圓的價位就有很多品項可以挑選，十分親民；「教師牌」是帶有煙燻味的調和式蘇格蘭威士忌，有些通路甚至不需要1000日圓就可以買到；「白馬調和威士忌」是日本銷量第一的蘇格蘭威士忌，同樣也是1000日圓以內的親民價格。

其他值得一試的基本款與挑戰款

接下來我想介紹幾款調和式蘇格蘭威士忌以外的威士忌。

經典中的經典「三得利角瓶」就是引爆日本Highball熱的一款威士忌。

另一款熱門的品項是「Nikka from the Barrel」。這款威士忌酒精濃度較高，因此就算以相同的比例調製Highball，味道也會比使用其他威士忌還要濃郁，同時又能保留氣泡的刺激口感。「Nikka Session 奏樂」則是僅使用麥芽原酒勾兌製成的調和麥芽威士忌，風味四平八穩，也很適合作為接觸單一麥芽威士忌之前的暖身。另一款「知多」則是穀物威士忌，各位不妨先買半瓶裝或小瓶裝的知多回來試試看。

最後要介紹的一款酒是波本威士忌「I.W Harper」。這算是波本威士忌的入門款，以這款威士忌調製的Highball從以前就有一個相當知名的稱呼：Harper Soda。

作者推薦10款威士忌

約翰走路紅牌

紅牌是約翰走路所有產品線中最便宜的一款，不過歷史非常悠久，一直以來也都有許多人喜愛，現在也因為Highball熱而又一次大受歡迎。其恰到好處的泥煤香相當迷人。

帝王白牌

有傳言就是帝王這個牌子發明了 Highball 的喝法。有興趣的人可以比較看看用帝王旗下 5 支不同酒款調製的 Highball（見第 153 頁）。帝王白牌價格實惠，便宜的通路甚至不超過 1500 日圓。

百齡罈系列

百齡罈以平衡的風味著稱，而且隨處可見。產品線非常豐富，而且更棒的是低價位酒款就有不少選擇。順帶一題，百齡罈是全球銷量第 2 的蘇格蘭威士忌。

教師牌

教師牌威士忌比其他調和式蘇格蘭威士忌，明顯多了一股泥煤帶來的煙燻味，是煙燻味威士忌入門的不二人選。一旦迷上那種獨特風味，恐怕就再也回不去了。

白馬調和威士忌

白馬本身也已有推出現成的罐裝 Highball，這對喜歡白馬調和威士忌風味的人來說是一大福音；不過自己調的好處是能自由掌控濃度。各位可以參照本書後面的品飲比較心得（見第 152 頁）。

三得利角瓶

就是這一支威士忌點燃了日本的 Highball 熱，相信很多人對 Highball 的印象都是角瓶的味道（角嗨）。角瓶還有推出 4L、5L 的超大瓶裝款，再也不怕在家沒酒喝（5L 款的還帶有檸檬風味）。

Nikka from the Barrel

這款威士忌只要以合宜價格上架線上通路，絕對馬上就被搶空。由於這款威士忌酒精濃度較高，因此風味也特別扎實（詳細介紹請見第 133 頁）。

Nikka Session奏樂

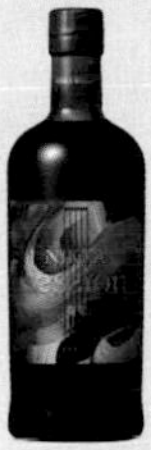

這支酒是日果於 2020 年推出的調和麥芽威士忌，使用日果集團旗下 3 間酒廠的麥芽原酒與其他幾間蘇格蘭麥芽原酒調和而成。

知多

這是知多蒸溜所以玉米等穀物為原料製作的單一穀物威士忌。有興趣的人也可以先買 350 mℓ半瓶裝或 180 mℓ的小瓶裝嘗嘗鮮。

I.W Harper 金牌

I.W Harper 的兌蘇打水（Harper Soda）是流傳已久的知名調飲；I.W Harper 屬於比較溫順的波本威士忌，很多日本人的第一支波本威士忌就是它。

3000人投票

最適合調Highball的威士忌

第1名 Nikka from the Barrel [794票]

觀眾評論

- 想喝風味濃郁的Highball時我就會用這支來調。它唯一的小缺點大概就是不見得天天買得到，所以我一定要備個2瓶在家裡才能放心喝（笑）。
- 用Nikka from the Barrel調Highball時，它麥芽的香甜滋味依然相當扎實，很好喝。
- Nikka from the Barrel扎實的風味不會被氣泡的刺激感搶走鋒頭，我認為大家喝過各式各樣的調和威士忌Highball後，最後一定會想喝用這支調的Highball。
- 這支酒好就好在就算加入氣泡水也不會過度稀釋風味，能夠充分保留住酒精感和苦韻。
- 以Highball的完整度來說，Nikka from the Barrel簡直是最終大魔王的等級。我想悠悠閒閒喝一杯Highball時一定選這支。

老闆短評！
Nikka from the Barrel 受歡迎的程度無與倫比，一旦以合理價格上架線上通路，保證一眨眼就被搶購一空。雖然這一瓶只有 500 mℓ，跟一般 700 mℓ的威士忌相比價格不相上下，但它依然穩居問卷調查人氣寶座，證明了其價值。

DATA
51%／500ml／
日果威士忌

第2名 泰斯卡10年 [714票]

觀眾評論

- 煙燻味、辛香調、鹹感、厚實度，各方面的平衡都堪稱完美。我要叫我老婆在我死後放一瓶泰斯卡10年在我的棺材裡。
- 我第一次喝到泰斯卡10年的時候真的很震撼。本來就知道這支酒很有名，但也有點懷疑它是不是過譽。我還記得當時要喝這支時心蹦蹦跳的，入口先是辛香料的風味，接著轉為濃厚的甘甜與一點點海洋的味道。雖然我覺得不純飲很浪費，卻還是忍不住用它來調Highball。
- 我超愛泰斯卡10年令人上癮的泥煤味。這支是我家的常備酒款，我除了調成Highball，也經常會加冰塊喝。
- 辛香料風味與煙燻味威士忌的頂點。

DATA
45.8%／700ml／
Talisker Distillery／
MHD 酩悅軒尼詩帝亞吉歐

老闆短評！
這支酒明明是風格強烈的單一麥芽威士忌，卻意外榮登人氣排行榜第 2 名！泰斯卡官方推薦的喝法是調成 Highball 後撒上一點黑胡椒，強調辛香料氣息；而且一般家庭廚房就能調出這一杯，親民又好喝。

※問卷設定之條件為：現行通路供應之品項、價格低於4000日圓、不包含美國威士忌。

第5名 約翰走路黑牌12年 [346票]

觀眾評論

- 黑牌就是穩定的好滋味，明顯的煙燻味，還帶一絲碘酒的香氣。習慣喝威士忌的人一定會想常備一支在家裡。
- 這支酒的味道集結了所有你對威士忌的印象，拿來調成Highball保證好喝。
- 我喜歡黑牌平衡的煙燻風味和微苦尾韻。

老闆短評！
黑牌是約翰走路的兩大招牌產品之一，可謂經典中經典的調和蘇格蘭威士忌。

DATA
40%／700ml／
帝亞吉歐／麒麟啤酒

第3名 Black Nikka Deep Blend [510票]

觀眾評論

- 桶味和微微的泥煤香讓這支酒喝起來物超所值。
- 這是一支喝了令人不禁想向日果道謝的威士忌。
- 這一支酒是居家小酌必備良品！CP值超高，美味又不傷荷包。
- 無可取代的日常常備酒款。1500日圓以下恐怕找不到比這支更優秀的威士忌了。

老闆短評！
這支酒精濃度偏高，有45%，推薦給喜歡喝濃郁 Highball 的人！

DATA
45%／700ml／
日果威士忌

第6名 帝王白牌 [328票]

觀眾評論

- 大口大口喝也不是問題。
- CP值最高，我家冰箱一定常備一支。
- 這支可以調出風格清爽的Highball，而且微微的煙燻氣息更加分。帝王白牌便宜又好買，不知不覺間已成了我一再回購的居家常備酒。平常會放在冷凍庫裡保存，這樣子拿來調Highball喝享受到了極點。

老闆短評！
了不起！竟然力壓百齡罈與起瓦士等經典品牌攻佔人氣榜第６名！

DATA
40%／700ml／
John Dewar & Sons／
日本百家得

第4名 教師牌 [354票]

觀眾評論

- 這麼扎實的煙燻風味，很難想像只要1000日圓左右就買得到。
- CP值最高，不必花大錢就能享受到煙燻味，喝多了也不會有罪惡感（笑）。
- 調成Highball也完全不會抹煞掉它強烈的特色。而且它CP值很高，如果我發現家裡那支喝完了，一定會當天補貨，不然心裡很不踏實。

老闆短評！
教師牌是調和了各式各樣原酒的老牌威士忌，價格相當便宜，卻擁有美味的煙燻味！

DATA
40%／700ml／
三得利

第9名 三得利角瓶 [254票]

觀眾評論

- 角瓶純飲或加冰塊喝還不覺得厲害，但拿來調Highball的時候卻驚為天人。這支根本就是專門為了調Highball而生的威士忌。
- 可能是因為我對角瓶的印象就是「引爆Highball熱的那支酒」，所以我覺得它就是用來調Highball很好喝的威士忌代表。
- 角瓶給人一種，選它絕對不會有什麼問題的安心感。

老闆短評！
很多人是從角瓶開始踏入威士忌的世界。角瓶在日本的銷量也確實很驚人。

DATA
40%／700ml／
三得利

第7名 格蘭傑經典 [268票]

觀眾評論

- 自從我被它那華麗的香氣震撼到的那一天起，我就愛上它了。
- 清爽的柑橘香氣與豐富的木桶香氣太棒了。
- 格蘭傑經典讓我愛上了威士忌，它充滿水果風味，口感又清爽，總教人一個不小心就喝多了。
- 格蘭傑經典是讓我深陷威士忌沼澤的第一支酒。

DATA
40%／700ml／
Glenmorangie
Distillery／MHD 酩悅軒尼詩帝亞吉歐

老闆短評！
格蘭傑經典以波本桶風味為主，而且麥芽沒有使用泥煤燻烤，所以不喜歡煙燻味的人往往會很愛這支。

第10名 波摩12年 [244票]

觀眾評論

- 波摩12年有著恰到好處的煙燻味、海潮香氣、雪莉桶的甜美滋味達到平衡，調成Highball時，這些香氣都會隨著氣泡在嘴中擴散開來，每一口都幸福。
- 想要喝泥煤味Highball時，還能嘗到馥郁甜美的滋味，超好喝。

DATA
40%／700ml／
Bowmore Distillery／
三得利

老闆短評！
艾雷島威士忌以泥煤煙燻味著稱，而波摩就是其中的代表廠牌之一。

第8名 愛倫10年 [255票]

觀眾評論

- 調Highball時無論什麼比例都好喝，一個不小心就會喝個不停。就算家裡囤了好幾支還是不夠喝。我覺得這支酒很厲害，就算Highball調得太濃，尾韻也完全沒有不討喜的酒精臭味。就算調得比較淡，果香還是很豐沛，風味也很濃厚。
- Highball的每一顆氣泡，都將愛倫的水果風味帶開。

DATA
46%／700ml／
Arran Distillery／
Whisk-e Ltd

老闆短評！
愛倫 10 年酒精濃度偏高，即使調成 Highball 也可以明確地保留酒款特色。

第21名 **約翰走路紅牌** [141 票]

我喜歡紅牌調成Highball時，泥煤香與刺鼻酒精味之間的強烈平衡。／我覺得調成Highball喝起來口感俐落美味。

第22名 **百齡罈紅璽** [134 票]

我原本很怕喝威士忌，但喝過這一支之後就愛上了威士忌。／它調成Highball味道也很扎實，不會太稀淡。

第23名 **約翰走路黑牌 12 年 斯貝賽原創精選** [120 票]

不管怎麼喝都好喝，不過我覺得調成Highball最完美。／我喜歡這支酒裡面那些舒服的香氣被氣泡帶出來的感覺。

第24名 **三隻猴子 100% 麥芽威士忌** [112 票]

不管是純飲、加冰還是Highball都好喝，價格又便宜，還有什麼比這更棒的威士忌？／這支酒的果香甘甜又順口。

第25名 **威雀金冠威士忌** [107 票]

Highball的濃淡、溫度，甚至自己當天身體狀況，都會讓這支酒展現出不同的風貌。／這支酒價位雖然不高，卻有扎實且濃郁的雪莉桶風味，超讚！

第26名 **格蘭冠輕雪莉 Arboralis** [104 票]

我覺得這是一支爲了調Highball而生的高CP值威士忌。／無論你喝威士忌的資歷長短，都會喜歡這一支酒。

第27名 **順風威士忌** [103 票]

順風拿來調Highball時的順口度和CP值都超級高。／這是一支可以不計成本調成Highball又令人滿足的日常款威士忌。

第28名 **百齡罈 12 年** [102 票]

價格親民，卻擁有扎實的甜潤口感和香氣，無可挑剔。／這是一支注重CP值、表現平衡的威士忌，也是最適合在酒吧點的第一杯酒。

第29名 **起瓦士 12 年** [91 票]

起瓦士12年怎麼喝都好喝，想要喝點輕盈又甘甜的Highball時選它就對了。／這支酒帶著一點清新的蘋果味，一個不注意就會一直喝下去。

第30名 **白馬 12 年** [84 票]

這支酒可以嘗到來自樂加維林酒廠的艾雷島泥煤味。／這樣的水準竟然不用3000日圓就買得到，值得我一輩子喝下去。

第11名 **起瓦士水楢桶 12 年** [228 票]

入口瞬間就能感受到豐富的甜美與果香，令人印象深刻。／想要喝口味偏甜的Highball時我常常拿這一支來調。

第12名 **格蘭菲迪 12 年** [212 票]

我喜歡氣泡帶開格蘭菲迪那種清爽風味的感覺，所以常常喝。／這支酒讓我體會到什麼叫作威士忌的果香。

第13名 **Suntory Special Reserve** [209 票]

雖然現在白州很難買，但用這支代替還是可以喝到類似白州Highball的風味。／我喜歡它適度的新鮮感與濃郁滋味之間的平衡。

第14名 **帝王 8 年 加勒比蘭姆酒桶** [200 票]

這支酒有蘭姆酒的甜味，也有淡淡的煙燻味，超適合烤肉時配著喝。／我喜歡它尾端有一點類似黑糖的醇厚感。

第15名 **格蘭利威 12 年** [188 票]

極度順口的一支威士忌，一個不留神整瓶就空了。／這支喝起來很順口又沒有泥煤味，怎麼樣喝都不會膩。

第16名 **帝王 12 年** [180 票]

總之就是百搭各種菜色，配什麼料理都可以。／帝王12年Highball是我心目中最好喝的一杯Highball，因爲它濃郁的果香不會被氣泡蓋過去。

第17名 **尊美醇** [172 票]

官方建議的Highball喝法是擠一點萊姆汁，很適合夏天時喝。／尊美醇擁有甜美又輕盈的口感，夏天冷凍起來再調成Highball，大口暢飲超過癮。

第18名 **Nikka Black Special** [165 票]

雖然我也喜歡Deep Blend，但這一支的甜苦平衡眞的很棒。／香氣、甜感、俐落度都非常突出，總之就是怎麼樣都好喝的模範生！

第19名 **秩父白葉** [161 票]

秩父白葉的穀物風味強勁，很適合搭餐飲用。／我喜歡白葉的香氣，而且配餐喝也很合適，所以常常買回來沒過多久就又見底了。

第20名 **白馬調和威士忌** [142 票]

就算大口大口喝這支酒也不會造成開銷上的負擔（笑）。／雖然最標準的純飲也不錯，但我更喜歡調成 Highball 的清新口感。

調製濃郁Highball秘訣與5000日圓以下的 5款濃厚威士忌！

Nikka from the Barrel

現在這支日果推出的調和威士忌可以說人人搶著要。大多人喜歡加冰或調成Highball飲用，而喜歡喝濃郁Highball的人一定不能錯過這一支。51%／500ml／日果威士忌

順風禁酒年代限定版調和威士忌

這款限定版威士忌調和了美國橡木桶陳麥芽原酒與穀物威士忌，特色是帶著奶油香的麥芽甜味與一點辛香料的調性。50%／700ml／格蘭登納／日本百家得

酒精濃度愈高代表風味愈濃郁？

使用高酒精濃度的威士忌，就能調出威士忌風味濃郁，又不失氣泡刺激口感的Highball。

我解釋一下原因。首先我們假設強力氣泡水的口感刺激度為100，而選用酒精濃度40%的威士忌，以1比3的比例調製而成的Highball刺激度為75。如果覺得這個比例喝起來味道太淡，我們自然會提高威士忌的分量，相對地也降低了氣泡水的比例。舉個極端的例子，假設我們的酒水比是1比1，這樣的話口感刺激度只會剩下50。

然而使用酒精濃度50%的威士忌，就算同樣以1比3的比例調成刺激度75的Highball，威士忌的味道也會很濃郁。如果覺得這樣喝起來太濃就減少威士忌的分量，而相對地氣泡的刺激感也會更加突出。

為什麼以前的威士忌比較好喝？

現在用來調製Highball的幾款常見調和蘇格蘭威士忌，酒精濃度大多為40%。常聽人說「以前的調和蘇格蘭威士忌比較好喝」，我認為背後的原因在於酒精濃度差異。二、三十年以前的威士忌濃度大多比現在來得高，味道也比較濃，因此大家才覺得

艾雷客「原味」原桶強度單一麥芽威士忌

這支是沒有公開酒廠資訊的艾雷島單一麥芽威士忌。ILEACH 音近「艾雷客」，意思是艾雷島民。58%／700ml／The Highlands & Islands Scotch Whisky Company／參考品

艾雷瘋「原味強悍」原桶強度艾雷島單一麥芽威士忌

亦無公開酒廠資訊，只知道原酒來自艾雷島上的酒廠。雖然這支用的應是較年輕的原酒，但好處是比官方裝瓶*的酒款便宜。58%／700ml／The Vintage Malt Whisky Company Limited／參考品

野火雞8年

「8年」是只有在日本上市的限定酒款。官方並沒有公開這支酒的穀物配方，只知道玉米的比例較低，喝起來帶點辛香料的調性。50.5%／700ml／Wild Turkey Distillery／CT Spirits Japan

以前那些風味濃厚的威士忌比較好喝（畢竟以前全球威士忌市場低迷的時候有很多原酒，不少酒廠的產品都含有大量高年份原酒）。

像日本的威士忌狀況也一樣，例如「三得利角瓶」以前也有43%，現在則調降為40%了。

說到這裡，是時候來介紹幾款不用5000日圓就能買到的高濃度威士忌了。

我推薦的幾支濃郁威士忌

推薦的第一支是「Nikka from the Barrel」。這支酒也是因為Highball熱而賣到缺貨的產品，而我認為它這麼受歡迎的祕密，就在於它調成Highball也能保有濃厚的風味。「順風禁酒年代限定版調和威士忌」則是價格不到3500日圓的實惠酒款，酒精濃度高達50%，可以調出濃郁的調和威士忌Highball。

「艾雷客『原味』」是原桶強度裝瓶，酒精濃度高達58%，而且是帶有煙燻味的艾雷島單一麥芽威士忌，風味相當強勁。「艾雷瘋『原味強悍』」同樣是原桶強度裝瓶，它的酒精濃度也有58%。官方並沒有公開這款的原酒來自哪間酒廠，只說是來自艾雷島。最後一款是「野火雞八年」，這支酒從很久以前就是用來調製Highball的熱門基酒之一，價格不到4000日圓，濃度高達50・5%。野火雞的「八年」其實是日本限定款，風味相當強勁，是行家會喜歡的滋味。

＊譯註：官方裝瓶，OB（Official Bottling），酒廠自己生產、自己裝瓶的威士忌。與之相對的是IB（Independent Bottling，獨立裝瓶），即是自己不生產原酒，而是向其他酒廠購買原酒回來自行裝瓶販售。

新手必讀！居家品酒器具一覽

任何喝法都會用到的器具與量酒器

除了在外面的酒吧喝，我們也可以在家裡準備一套喝威士忌需要的杯子和器具。

需要哪些器具，端看你平常偏好怎麼樣的喝法，但無論怎麼喝，量酒器（Jigger）都是有備無患的好東西。另外，我也很推薦杯壁內側有詳細刻度的杯子；當然不在意分量、隨意倒也無妨，只是調製水割、Highball 時，威士忌分量的拿捏可能比各位想像中的還重要。因為以固定比例調製，我們才能容易地比較不同威士忌之間的差異。尤其是當你第一次喝到某支酒時，我誠心建議仔細測量要喝的量。還有另一個考量點是，有些酒瓶的設計如果直接倒進杯子很容易灑出來，「Nikka from the Barrel」就是其中一項例子，而先用量酒器裝好再倒入杯子就能避免上述情況，喜歡喝「Nikka from the Barrel」的朋友不妨也可以參考看看。

其他建議準備的器具，包含一個加水稀釋用的公杯（奶精杯），還有用來裝 Chaser 的玻璃杯。雖然我們的目的只是加水，直接用瓶裝水也不是不行，但是用公杯和玻璃杯就是比較有氣氛。而氣氛對了，酒喝起來感覺也會不一樣。裝威士忌的杯子也是，與其用塑膠杯，不如買個水晶玻璃杯會更加地有氣氛，這樣威士忌喝起來會更美味。

氣氛營造得好喝起酒來更對味

聊到氣氛，我認為威士忌的存放場所也是值得留意的部分。有人會直接放在地上，不過我認為還是買個架子專門用來收放威士忌比較好看，而且擺得漂漂亮亮的酒瓶，正是最好的下酒菜。

除了美觀考量，如果是玻璃架，我們還可以貼一層抗 UV 玻璃貼，避免威士忌受到紫外線的傷害。保存威

（右起）量酒器：測量液體分量的器具。小公杯（奶精杯）：這個大小比較適合慢慢加水時使用。Chaser用玻璃杯：水晶玻璃材質感覺起來更高級，也更有氣氛。大公杯：750mℓ～1.5L左右的容量比較剛好。冰桶：不鏽鋼材質加上雙重構造，冰塊更不容易融化。

士忌有兩大要點：適當的室溫與避免陽光直射。

另外我建議準備一套「威士忌急救包」以備不時之需。這是當我們不小心折斷瓶蓋軟木塞時會需要的處理工具，包含侍酒刀或大頭針（拔軟木塞）、濾茶網（濾除掉落瓶內的軟木塞碎屑）、漏斗（把酒液裝回瓶中），如果哪天真的不幸碰到軟木塞斷裂的情況，這些都是不可或缺的工具。但這些東西也不必買太好，準備一般平價款就很堪用了。

推薦新手使用的品飲杯

格蘭凱恩杯

這是相當常見的標準品酒用杯，價格也比較便宜。其特色在於杯身矮、重心穩，就算不小心打翻也不容易碎裂。而且它杯底沒有高腳設計，所以我們拿起杯子時手溫可以直接溫熱酒液，釋放威士忌的香氣。

格蘭凱恩杯
Riedel Vinum
干邑白蘭地酒杯、
單一麥芽威士忌酒杯

右：干邑白蘭地酒杯（Vinum Cognac Hennessy）。杯口部分微微向外張開，幫助威士忌入口時直接流到舌面中央，降低酒精的刺激感。左：單一麥芽威士忌酒杯（Vinum Single Malt Whisky）。直線杯身設計使得香氣不容易被封在杯內，適合拿來喝一些香氣比較強烈的酒款。

根據形狀和設計
挑選自己喜歡的酒杯

品酒杯（testing glass）是專門用來純飲威士忌或其他酒類用的杯子。若能常備好幾種杯子，並且根據威士忌特色選擇不同的杯子，品飲樂趣也會多更多。但有一點要提醒各位，其實不必刻意參考威士忌調和師或品酒會上用什麼樣的杯子。以威士忌調和師的情況來說，他們喝酒時首重「在相同環境下比較不同酒款的風味」，好不好喝則是其次。所以我們自己平常要用什麼酒杯，選自己看得順眼的款式就好。

我會推薦準備水晶玻璃材質的杯

❶ 蔡司Bar Special 大師系列 威士忌品酒杯

蔡司（Zwiesel Glas）是歷史悠久的德國水晶玻璃杯品牌。這款杯型的杯肚寬度與口徑之間的差距不會太大，因此香氣不會悶在杯子裡，適合用來品飲本身香氣就很強烈的威士忌。

❷ 蔡司Bar Special 大師系列 不倒醉翁杯

這個款式沒有杯腳，不過杯肚較寬，盛裝酒液時與空氣接觸的表面積較大，整體重心也很穩，即使稍微傾倒也不用擔心威士忌濺灑出來。

❸ Spiegelau Authentis Digestive

Spiegelau是知名的啤酒杯品牌，秉持精湛的吹製技法，生產輕薄又耐用的高水準無鉛玻璃杯。

❹ Stölzle Lausitz Whisky Nosing Glass

Stölzle Lausitz 是擁有 500 年歷史的玻璃製品品牌。這款水晶玻璃聞香杯，盛裝酒液時酒與空氣接觸面積很大，重心也很沉穩；而且它有低矮杯腳設計，不必擔心手溫影響酒液。

❺ RONA Single Malt Whiskey Glass

RONA是來自斯洛伐克的玻璃杯品牌。這一款酒杯的材質為玻璃水晶，造型神似格蘭凱恩杯，但多了一個短短的腳。此外它的杯口也很薄，所以酒喝起來也會比較輕盈。

❻ Aderia Luigi Bormioli Spirits Snifter

這款杯子的材質是被稱作「Sonic Crystal」的高科技水晶玻璃，光澤和其他含鉛的水晶相比毫不遜色，而且耐久性十足，足以承受洗碗機 4000 次以上的清洗。

子。因為水晶玻璃比鈉玻璃（soda glass）更晶亮，感覺更高級。而最有名的品酒杯莫過於「格蘭凱恩杯」（Glencairn Blenders Malt Glass），這款杯子的材質是以氧化鉀取代鉛的「含鉀水晶玻璃」，光澤與水晶玻璃不分軒輊，但又比一般的水晶玻璃更輕又更加堅實。Spiegelau 的杯子和 RONA 的「Single Malt Whiskey Glass」也都是含鉀水晶玻璃材質。本頁上方有詳細介紹各種品飲杯的特色，歡迎各位參考看看。各位可以挑選自己用起來順手的杯子，比方說喜歡杯口較薄、喝起酒來口感較好的杯子；如果擔心自己喝醉時容易打翻東西，也可以選擇杯腳比較短的杯型。

新手入門

挑個適合自己在家喝酒用的Rock杯！

依照冰塊大小選擇杯子

喝酒時，杯子裡面放一顆完整的大冰塊，會比形狀不規則的零碎冰塊更有氣氛。我們可以自己拿菜刀切削冰磚，或是用球型製冰盒製作喝酒用的完整大冰塊。選擇Rock杯時，記得先看冰塊的造型和大小是否合適。

觀察口徑差異

杯子放不放得下冰塊，要看杯子的口徑夠不夠大。所以選杯子時要記得確實地觀察口徑。

如果你相當注重氛圍 建議選擇水晶玻璃杯

想要用什麼Rock杯*當然是個人喜好問題，只有一點希望各位挑杯子時特別注意：你用的冰塊放不放得進杯子。

如果希望喝酒喝得雍容華貴，我還是推薦水晶玻璃杯。水晶玻璃杯晶瑩剔透、質感高雅，但唯一的缺點就是脆弱，如果喝完後不馬上洗起來，而是放在洗碗槽裡，很有可能後面放其他杯子時不小心碰到就裂開了。水晶玻璃杯不便宜，所以建議各位購買前先評估自己有沒有辦法妥善保管。

但其實也用不著那麼害怕，因為水晶玻璃就算裂開還是能加以活用，比方說用銼刀削磨成裝小東西的容器，或是修成更比較小一點的杯子。

＊譯註：Rock的意思是「岩石般的大冰塊」，故Rock杯即代表杯身寬、杯底厚，可以放入大冰塊的威士忌杯，亦稱古典杯。

Column

輕鬆清除杯子上的水垢！

還你一個乾淨的杯子

大家是否也有類似的經驗：明明平常杯子都洗得很乾淨，但久而久之，摸起來怎麼還是沙沙的……這種沙沙的感覺其實肇因於**留在杯子上的水垢**。有時候杯子乍看之下很乾淨，但拿到日光燈下一照，就能看到很多白白的水垢。

水垢和黴菌不一樣，是**杯子裡面的水滴乾掉後留在杯壁上的鈣、鎂等礦物質**。換句話說，如果喝完酒後杯子用水隨便一沖就放在洗碗槽，或是洗完杯子後任由它自然風乾，杯中便很容易留下水垢。大多時候，只要用廚房漂白清潔劑或檸檬酸就能夠清除水垢，但如果杯中的水垢已經堆積太多層，就沒那麼容易清乾淨了。如果是含鉛的水晶玻璃，碰到酸性物質還有可能影響到原本的透亮度，所以務必謹慎使用。

這邊介紹一個能夠完全清除頑固水垢的方法。其實非常簡單，只需要**用小蘇打加點水，然後拿一張保鮮膜搓成球後沾一點來搓洗杯子就好了**。清理完畢後，杯子看起來就會變得乾乾淨淨，摸起來也會很光滑。

避免水垢形成的最佳作法，就是不要讓杯子在溼答答的狀態下靜置太久，所以其實將整個杯子泡在水中也是一種方法，不過還是建議各位定期檢查一下杯子有沒有水垢，勤加地清潔為上。

材料

小蘇打粉：適量（約1～2湯匙）、水：適量、保鮮膜、小碟子、橡膠手套

❶ 取1～2湯匙的小蘇打粉，裝在小碟子裡，然後加入少量的水混合。

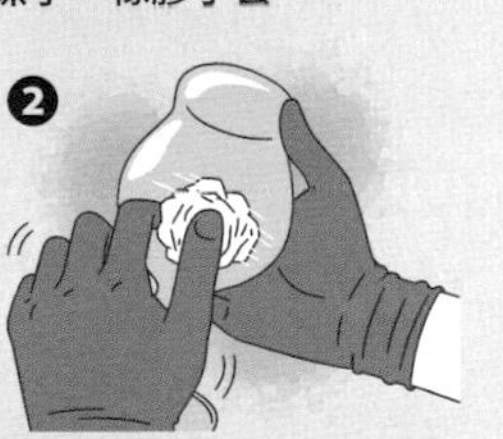

❷ 撕一張保鮮膜並揉成球，沾取小蘇打水搓洗杯子。搓洗杯內時別太大力。

【真相是？】威士忌究竟該怎麼保存？

真相是？威士忌的保存方法

從古至今，人們對於如何保存威士忌總是爭論不休，實際上這個問題現階段仍然「真相不明」。

舉例來說，18世紀一位知名科學家巴斯德（Louis Pasteur）曾說「軟木塞會呼吸」，但直到現代，大家對於軟木塞是否會透氣這一點，依然分成贊成與反對兩大派。有人認為軟木塞的品質會影響透氣度，但是就算會透氣，若瓶內氣壓沒有變化也不會有空氣進出的問題。軟木塞的品質究竟會不會影響到威士忌的品質，現在仍沒有一個確切的解答。

但我們也不是一無所知。有些事情只要犯了，就會明顯減損威士忌的品質。因此接下來我會介紹保存威士忌時最低限度的注意事項。

市面上有很多專門設計來長期保存已開瓶威士忌的用品，但效果視存放環境有好有壞，所以建議不要太苛求保存效果。

保存威士忌的兩大重點：紫外線與存放場所的室溫

保存威士忌時，必須特別小心紫外線。1994年日本包裝學會進行了一項實驗，研究夏季將威士忌放置在室外兩週會有什麼結果，最後發現成分雖然不會有什麼變化，但大約一個禮拜後，威士忌的顏色會淡化，並且會產生特殊的日光臭，大大折損原有香氣。由此可以證實，威士忌不能放在陽光直射與氣溫過高的地方，否則品質會大幅地下滑。而且，如果放在極端炎熱的環境下，也會造成瓶內空氣膨脹、酒液滲漏等物理上的問題。所以我們得特別注意威士忌存放場所

保存威士忌的大忌

照射紫外線
威士忌若長時間曝曬於陽光下會嚴重變質。如果家裡房間有陽光直射的情況，在窗戶上或櫃子上貼一層抗 UV 貼膜即可有效隔絕紫外線。

存放場所氣溫太高
一般來說，存放威士忌的適宜溫度落在 15 ～ 20° C。假如氣溫太高，除了會導致威士忌品質下滑，極端情況下甚至會造成瓶內空氣膨脹、造成酒瓶破損，酒液滲漏。

存放場所溫度變化劇烈
如果威士忌存放環境忽冷忽熱，或是頻繁將威士忌從低溫處拿往高溫處，恐造成瓶內液面下降，進而影響到酒液原本的品質。

瓶身橫躺
威士忌是酒精濃度很高的烈酒，如果以橫躺方式存放，酒液可能會侵蝕軟木塞。即便是旋轉瓶蓋，某些材質若長時間接觸酒液還是有可能被侵蝕。

的室溫，並避免陽光直射，最好保管在陽光照不到的陰涼處。

雖然前面說了保存威士忌時最低限度的注意事項，但到頭來還是有很多事情說不準，所以也不必太在意細節，開心喝酒最重要。如果喝不完，也可以和朋友分享；我覺得好好享受這樣的時光，比起煩惱怎麼保存來得有意義多了。

長期保存威士忌的器具

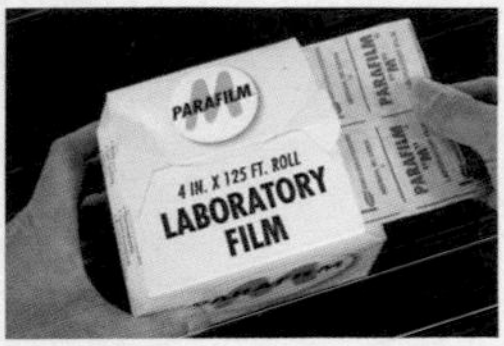

Parafilm封口膜
這是實驗室裡常見的封口膜。撕一段下來纏在瓶蓋周圍，即可避免蒸發造成液面下降，防止酒液氧化。

Parafilm封口膜的使用方法

旋轉瓶蓋

取約 2cm 長的封口膜，順著鎖緊瓶蓋的方向由下往上纏。

軟木塞瓶蓋

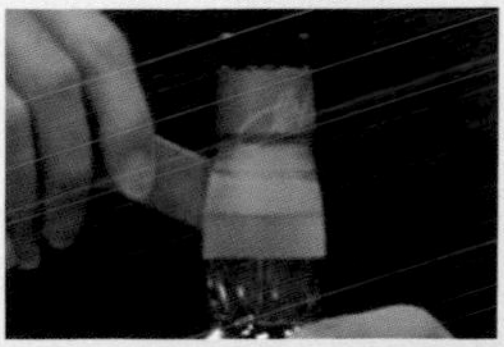

取約 2cm 長的封口膜，由下往上纏，左右方向不拘。

Private Preserve
這原本是保存葡萄酒用的器具，原理是灌入惰性氣體，趕出瓶內氧氣，以達到延長保存時間的效果。

如何輕鬆在家 自製透明冰塊

透明冰塊的形成原理

了解如何製造透亮冰塊

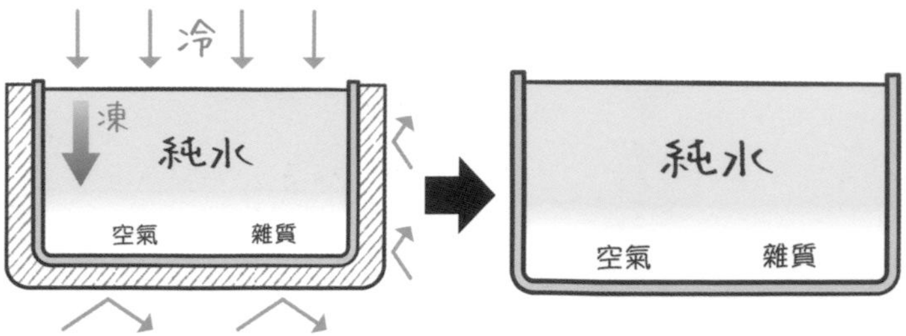

冰塊形成時，會先從水中的雜質開始結凍。為了避免結冰過程由外往內進行，我們要在容器外套上隔熱材質，確保冰塊從上方純水部分開始慢慢往下結凍。

乾淨的純水部分結凍過程，雜質會集中堆積在底部，我們也比較容易切除。

準備器材　　另需準備吧匙、冰鑿、菜刀。

在紙箱內部四周與底部鋪一層隔熱墊，避免容器底部接觸冷空氣。

準備一個可以放進冷凍庫的大塑膠盒。只要強度和深度夠，什麼樣的容器都可以。

一次多做一點冰塊保存 要用的時候超方便！

威士忌加冰或是調製 Highball 時，絕對少不了冰塊。雖然用外面賣的不規則造型冰塊也行，但自己準備彷彿外面酒吧用的透明冰塊，也能提升在家喝酒的情調，當然喝起酒來也會覺得更美味。

我會介紹如何簡單製作大大的方塊冰，也會講解如何將方塊冰切成鑽石造型和鑿成冰球；當然將大冰塊隨意鑿成不規則碎塊保存也不是問題。這樣以後喝酒既可以省下出門買冰塊的麻煩，又能節省一筆開銷，推薦大家也試試看自己在家做冰塊。

1 用吧匙攪拌趕出水中空氣

找一個容器裝水。裝好後拿吧匙攪一攪，趕出水中多餘的氣泡，避免做好的冰塊中出現一顆一顆的空洞。

2 將容器放入隔熱箱進冷凍庫直到三分之二結凍

待水回到常溫，將容器裝進隔熱箱，再放進冷凍庫。由於水結冰後體積會增加，所以小心別冰太久。

3 拿冰鑿鑿掉多餘部分

從容器中取出冰塊，倒掉還沒有結凍的冰水，然後利用冰鑿鑿掉不需要的部分。

4 只留下透明的部分

白色的部分都是雜質，所以我們要用冰鑿去掉白色部份，只要留下透明的地方。

5 用冰鑿分割冰塊

想好怎麼分割後，用冰鑿輕敲冰塊側面與底部數次，在冰塊中製造裂痕。

6 用菜刀削整成正方形

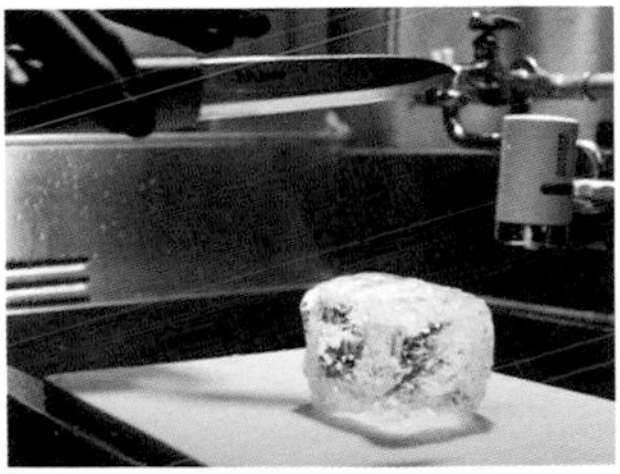

將大冰塊切分成自己想要的大小後，就可以拿菜刀開始進一步削整成正方形。用菜刀會比冰鑿容易塑形。

7 切成工整方塊後再放回去冷凍

所有冰塊都修整成立方體後，放回塑膠容器，並且放回冷凍庫再次冷凍。

8 大方塊冰完成

回冰過後，大大的方塊冰就完成了。方塊冰可以直接拿來使用，也可以再切成其他喜歡的造型。

切削冰塊的方法

如何製作造型獨特的鑽石冰與球冰

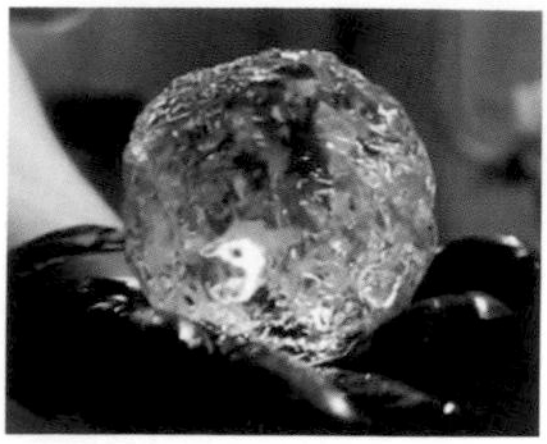

球冰

肯定是用球冰喝威士忌會最有氣氛。市面上有專門製作球冰的器材，只要加水就可做出圓滾滾的球冰也不錯。

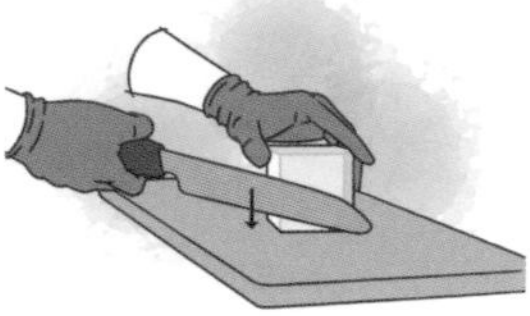

1

逐步削掉方塊冰的所有邊角。

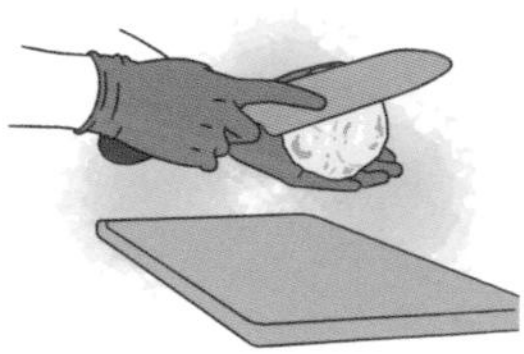

2

對新手來說，使用菜刀會比使用冰鑿更容易將冰塊削成圓球狀。

3

切到差不多看得出球形時，再拿冰鑿修去零星的邊角。

4

修整到放得進杯子的大小後，再用菜刀削掉凸出部分會更漂亮。

鑽石冰

以下的切割方法俗稱明亮型切割(Brilliant Cut)，造型上寬下窄，光是裝進杯子就能營造奢華感。

1

將方塊冰的頂面削平，愈接近水平愈好。

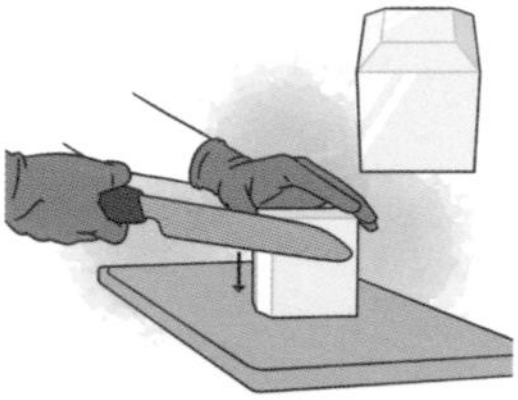

2

菜刀角度稍微打斜，切掉頂面的四個邊。想像在頂面切出一塊較小的四方形。

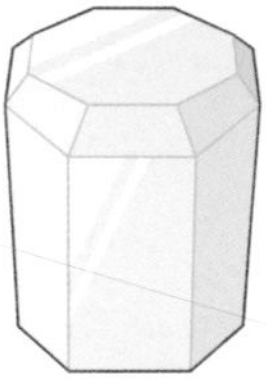

3

接著將冰塊立起來，切掉四個側邊。從上方看起來會形成一個八角形。

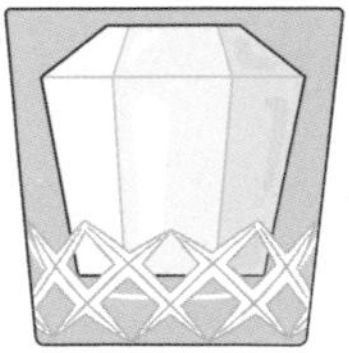

4

接著稍微切削側面，修整到放得進杯子的大小即完成。

Part 3

世界各地的威士忌

日本／蘇格蘭／美國／愛爾蘭／其他

究竟何謂日本威士忌？

徹底解析日威最新資訊與定義

日本威士忌的起點 三得利白札

日本威士忌的歷史，最早可追溯至１９２９年發售的第一款日本國產威士忌「三得利白札」。當時三得利為了這史上第一款日本威士忌，招攬曾經遠赴蘇格蘭學習威士忌生產技術、後來日果威士忌的創辦人——竹鶴政孝。順帶一提，「三得利白札」現在還有販售，只是酒標上更名為「SUNTORY WHITE」。後來竹鶴政孝創立了大日本果汁（日果威士忌的前身），並於１９４０年推出旗下第一支威士忌。

第一次 Highball 熱與緊接而來的威士忌寒冬期

二戰之後，日本流行起所謂的三級威士忌*（後來法規更改，重新定義為二級威士忌），這是一種僅含少量威士忌原酒的便宜酒品。在這樣的背景下，三得利（當時還叫壽屋）的推廣活動帶起了日本史上第一次的Highball熱，不過當時的熱潮僅發生於酒吧圈，不像現在是人人都在家裡自己調 Highball。

１９７０年代末期，日本迎來了本土威士忌風潮。清酒廠與燒酎廠紛紛推出自己的威士忌，全日本威士忌的銷量一路攀升，直到１９８５年登頂後便開始下滑，接著就這麼一路滑進威士忌寒冬期；每家酒廠開始縮減威士忌的生產規模，甚至停產。

日本威士忌在國際竄紅！

２００３年，始終腳踏實地生產威士忌的三得利推出「山崎12年單一麥芽威士忌」，並於國際競賽獲獎；此後，日本威士忌在國際舞台的評價水漲船高，不過日本國內仍無法擺脫威士忌寒冬期。

這個情況一直要到２００８年才開始轉變；因為當時三得利透過廣告逐漸點燃了另一波 Highball 熱。

2010年，人人突然都搶著買威士忌，三得利擔心原酒供不應求，只好限制出貨量，這也使日本有一段時間甚至買不到「角瓶」。2014年，NHK推出了一部名為「阿政與愛莉」的連續劇，描述日果威士忌創辦人竹鶴政孝的人生故事。現在日本人之所以這麼瘋威士忌，幾乎要歸功於這部連續劇和這波Highball熱。

日本長久以來都沒有嚴謹定義威士忌的法規

不過到底什麼是日本威士忌，至今法規上也只有最低限度的規範。以麥芽威士忌為例，頂多也只定義：用以麥芽與水為原料，進行糖化、發酵、蒸餾，且酒精濃度不及95%的烈酒。而且法規也允許在麥芽威士忌或穀物威士忌裡頭添加其他烈酒、香料、色素，只要整瓶酒含有至少10%的威士忌原酒，酒標上就能標示為威士忌。

日本對於蒸餾器的定義和形式，也不像蘇格蘭一樣有明確的描述，因為

＊譯註：1953年日本《酒稅法》修改以前，日本販售的威士忌會依據原酒混和率進行分級，1級威士忌之原酒含量為30%以上、2級為5%以上、3級為不滿5%。原酒混和率即產品中威士忌原酒所佔的比例。

日本酒稅法第3條第15號

1. 係以發芽穀類及水爲原料，經糖化、發酵後形成含酒精物質再經蒸餾而成之產物。
2. 係利用發芽穀類及水使穀類糖化、發酵形成含酒精物質再經蒸餾而成之產物。
3. 第1項或第2項揭示之酒類中加入酒精、烈酒、香味添加物、色素抑或水者，亦屬之。
（第1項或第2項揭示之酒類的酒精總量，需占酒精、烈酒或香味添加物加入後之產品酒精總量的百分之十以上。）

上述法條中，第1項為麥芽威士忌的定義，第2項為穀物威士忌的定義。第3項則明確表示威士忌中容許添加香料。補充條文中也提到，一瓶酒裡面只要含有10%以上的威士忌酒液，產品就能標示為威士忌。

日本市場上的威士忌種類

- ☞ 日本酒廠蒸餾的威士忌
- ☞ 日本酒廠蒸餾的原酒與國外酒廠生產的原酒調和而成的威士忌
- ☞ 進口國外的原酒，並於日本國內桶陳、調和的威士忌
- ☞ 進口國外的原酒，並於日本國內裝瓶的威士忌
- ☞ 在威士忌中添加其他烈酒、香味添加物的酒類（威士忌分量至少占整體10%）

威士忌酒標標示之公平競爭規範與施行準則

調和用酒精
該威士忌中含有以穀物爲原料之酒精製品以外的酒精製品之情況。

烈酒
該威士忌中含有以穀物爲原料之酒精製品以外的酒精製品時，應以此名稱標示。

雪莉酒類
該威士忌中含有之雪莉酒類超過容量比的百分之2.5時，應以此名稱標示。

就算該威士忌中添加了其他以穀物為原料的烈酒，酒標上也沒有義務標示出來。至於添加雪莉酒的情況，只要添加量未達2.5%，同樣沒有義務在酒標上標示出來。

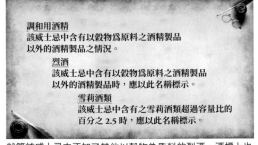

日本洋酒酒造組合訂立之日本威士忌（Japanese Whisky）定義

製程與品質之條件		
原料		原料僅限使用麥芽、穀類、日本國內水源取得的水。又，麥芽為必須使用之原料。
製程	製造	糖化、發酵、蒸餾皆必須在日本境內進行。又，餾出物之酒精濃度需低於95度。
	儲藏	需陳放於容量700公升以下之木桶內，時間以入桶日期起計算，需在日本境內儲藏3年以上。
	裝瓶	必須於日本境內裝瓶，裝瓶時酒精濃度不得低於40度。
	其他	允許使用焦糖色素適度調整酒色。

酒標上若要標示「Japanese Whisky」，原料中必須包含麥芽或穀類，且一定要使用發芽大麥（麥芽）。

法人所生產之威士忌，若不符第5條列示之製程與品質之條件者，則不得做出以下各項之標記。
惟另行註明該產品不符第5條列示之製程與品質之條件者，不再此限。

一、令人聯想到日本的人名
二、日本國內任何都市、地區、名勝、山岳、河川之名稱
三、日本國之國旗及年號
四、前述各項之外，以任何不當方式標記且有致使任何人誤解該產品符合第5條列示之製程與品質條件之虞者。

如果製造條件不符合上述第5條之規範，產品就不能取會讓人聯想到日本的名稱（※）。

這些法規都是在戰後物資缺乏的時代背景下制定的最低限度規範，長久以來不曾更動，結果才造成日本現在一堆有的沒的酒類都能稱作威士忌（詳見第63頁）。

正式定義何謂日本威士忌

2000年代以後，日本威士忌在國際競賽上屢獲盛讚，逐漸吸引全球目光。其中秩父蒸溜所的「Ichiro's Malt」也享譽國際，旗下某些比較稀有的日本威士忌甚至在拍賣會上喊到至數千萬日圓的價碼。在這樣的情況下，有些不肖廠商也開始耍花招，進口國外原酒自行裝瓶，還設計一個令人聯想到日本的酒標、取一些很有日本味道的名字，然後直接出口。為避免這樣的歪風傷害日本威士忌的聲譽，業界開始大聲疾呼該正確定義何謂日本威士忌。於是日本洋酒酒造組合便訂立了一套日本威士忌定義，用以規範所屬會員生產之產品。2021年4月起，會員在生產威士忌時皆必須遵守以下規範：原料必須使用麥芽、穀類、日本國內水源取得的水。且糖化發酵、蒸餾、熟陳皆必須在日本境內進行，熟陳年數至少3年，裝瓶時的酒精濃度至少40%。至於酒液調色的問題，則比照蘇格蘭威士忌，允許添加焦糖色素；此外，他們也針對酒標上的標記訂立了嚴格的規定。這項規範出現之後，各大廠牌也陸續發表自己旗下有哪些產品符合日本威士忌的定義。

※ 但只要註明自己的產品不符合規範即不受命名限制

符合日本威士忌法規定義的威士忌

三得利

單一麥芽威士忌「山崎」與「白州」系列、單一穀物威士忌「知多」、調和威士忌「響」系列、「Special Reserve」、「Suntory Old」、「Suntory Royal」以及海外限定款「季」。

日果威士忌

「竹鶴純麥威士忌」、單一麥芽威士忌「余市」以及「宮城峽」、「NIKKA COFFEY 穀物威士忌」。

麒麟啤酒

KIRIN DISTILLERY 富士御殿場蒸溜所生產的「富士單一穀物威士忌」。

Venture whisky 秩父蒸溜所

日本小型工藝酒廠的先驅。上圖為「Ichiro's Malt 秩父 The First Ten」。

江井嶋酒造 江井嶋蒸溜所

江井嶋蒸溜所為擁有百年歷史的酒廠，他們推出的單一麥芽威士忌「明石」、單一麥芽威士忌「江井嶋」都符合現行的日本威士忌定義。

本坊酒造

MARS 信州蒸溜所生產的單一麥芽威士忌「駒岳」、MARS 津貫蒸溜所生產的單一麥芽威士忌「津貫」。本坊酒造推出的日本威士忌皆為限量款，其他品項詳見官方網站資訊。

其他新興工藝威士忌

工藝威士忌酒廠是指那些生產規模小，但擁有獨家堅持的酒廠。這些酒廠蒸餾的新酒已經經過 3 年桶陳，現在陸續推出充滿自品牌風格的單一麥芽威士忌。左方照片為各廠牌推出的單一麥芽威士忌。

調和了國外原酒的威士忌

我必須先聲明一點：調和國外原酒與否，和好不好喝沒有絕對關係。有些人可能對這件事抱持負面觀感，但其實很多日本常見的威士忌都含有國外酒廠的原酒，其中也不乏一些知名品項。

例如滋賀縣長濱蒸溜所推出的「長濱威士忌（AMAHAGAN）」系列，就是使用國外麥芽原酒與自家酒廠麥芽原酒，調和而成的調和麥芽威士忌。他們認為「只用自家生產的原酒無法累積調和經驗」，因此積極地推出不同的產品。

但也不能否認的，有些原酒進口商（直接向酒廠採購原酒並自行調和、分類，再以大容量桶裝販售的業者）從海外進口原酒後直接裝瓶販售的產品，確實受到廣大威迷的批判。

「三得利世界威士忌 碧 Ao」是三得利集結旗下海外酒廠的原酒所調和而成的產品；Nikka Black 系列因為 CP 值很高，所以一直都賣得很好；長濱威士忌系列為調和麥芽威士忌，著重於表現木桶特色，風味也相當平衡；至於日果的「Nikka from the Barrel」則是只要以定價上架線上通路，絕對會立刻被掃空的超人氣威士忌。

三得利與日果威士忌旗下擁有的海外酒廠

三得利旗下的海外酒廠有波摩、拉弗格、金賓、美格；日果威士忌旗下的海外酒廠則有班尼富。而無論是三得利還是日果，旗下產品自然多少會用到這些國外酒廠的原酒。

【保存版】日本威士忌　酒廠總覽2021

全日本42間酒廠名冊

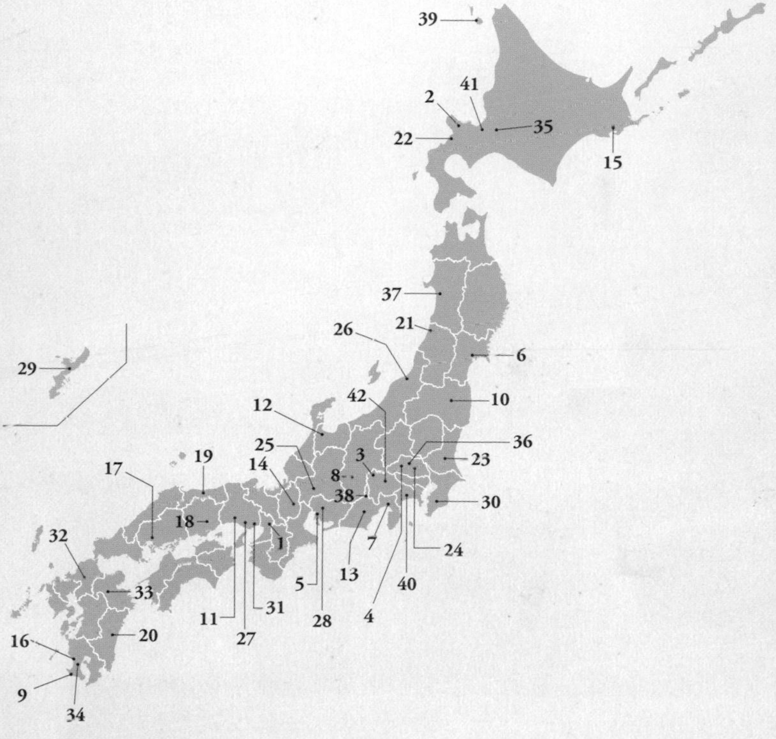

1 山崎蒸溜所／2余市蒸溜所／3白州蒸溜所／4 秩父蒸溜所／5 三得利知多蒸溜所／6 宮城峽蒸溜所／7 KIRIN DISTILLERY富士御殿場蒸溜所／8 Mars信州蒸溜所／9 Mars津貫蒸溜所／10 安積蒸溜所／11 江井嶋蒸留所／12 三郎丸蒸留所／13 GAIAFLOW靜岡蒸溜所／14 長濱蒸溜所／15 厚岸蒸溜所／16 嘉之助蒸溜所／17 櫻尾蒸留所／18 岡山蒸溜所／19 倉吉蒸溜所／20 尾鈴山蒸留所／21 遊佐蒸溜所／22 二世古蒸溜所／23 八鄉蒸溜所／24 鴻巢蒸溜所／25 玉泉堂酒造／26 新潟龜田蒸溜所／27 海峽蒸溜所／28 清洲櫻釀造／29 Helios酒造／30 須藤本家／31 六甲山蒸溜所／32 新道威士忌蒸溜所／33 久住蒸溜所／34 御岳蒸留所／35 馬追蒸溜所／36 羽生蒸溜所／37 秋田蒸溜所（暫定）／38 井川蒸溜所／39 神居蒸溜所／40 熊澤酒造／41 紅櫻蒸溜所／42富士山蒸溜所

＊譯註：提及日本各家蒸餾廠時，皆維持原本的漢名，例：山崎蒸溜所。

山梨縣

白州蒸溜所

藏身於自然森林的酒廠

白州蒸溜所是三得利為紀念三得利威士忌誕生50周年而建的第二間酒廠。白州蒸溜所和山崎一樣，自己就生產好幾種不同類型原酒，並透過木桶發酵槽創造複雜又獨特的香氣。今年宣布推出停產許久的白州12年，這個消息令廣大威迷興奮不已。

DATA

地址：山梨県北杜市白州町鳥原 2913-1
主要品項：白州、白州 18 年、白州 25 年
初次蒸餾年：1973 年
營運公司：三得利烈酒（Suntory Spirits Limited）

大阪府

山崎蒸溜所

日本境內首座威士忌酒廠

三得利創辦人——鳥井信治郎為了做出「符合日本人纖細味覺的日本威士忌」，而建造的日本第一座正統威士忌酒廠。廠內擁有各式各樣的蒸餾設備，共生產超過百種不同類型的麥芽原酒。

DATA

地址：大阪府三島郡島本町山崎 5-2-1
主要品項：山崎、山崎 12 年、山崎 18 年、山崎 25 年
初次蒸餾年：1924 年
營運公司：三得利烈酒（Suntory Spirits Limited）

埼玉縣

秩父蒸溜所

日本工藝酒廠的先驅

赫赫有名的「Ichiro's Malt」就來自 Venture whisky 的秩父蒸溜所。「Ichiro's Malt」系列酒款深受全球歡迎，在國際品酒會上佳評如潮。現在他們已經正式啟動位於本廠 400m 之外的第二蒸餾廠，以提高產能。

DATA

地址：埼玉県秩父市みどりが丘 49
主要品項：秩父白葉、Ichiro's Malt 秩父 The First Ten 等
初次蒸餾年：2008 年
營運公司：Venture whisky

北海道

余市蒸溜所

堪稱日本的蘇格蘭

日果創辦人竹鶴政孝為了做出自己心目中理想的威士忌，而建造了這間酒廠。余市蒸溜所至今仍採用蘇格蘭傳統的「煤炭直火蒸餾」工藝，造就「余市麥芽威士忌」那厚重且深沉的滋味與香氣。

DATA

地址：北海道余市町黒川町 7-6
主要品項：「余市」單一麥芽威士忌
初次蒸餾年：1936 年
營運公司：日果威士忌

長野縣 Mars信州蒸溜所

位於木曾山脈的正宗威士忌酒廠

Mars信州蒸溜所在威士忌需求低迷時期曾經一度停產，2011年復廠後開始積極推出新品項。

DATA

地址：長野県上伊那郡宮田村 4752-31
主要品項：「駒岳」單一麥芽威士忌等
初次蒸餾年：1985 年
營運公司：本坊酒造

愛知縣 三得利知多蒸溜所

一廠生產多樣原酒

知多是三得利旗下的穀物威士忌酒廠，也是全日本最大的穀物處理廠，目前分別生產濃厚（Heavy）、中等（Medium）、純淨（Clean）三種不同類型的穀物原酒。

DATA

地址：愛知県知多市北浜町 16
主要品項：「知多」單一穀物威士忌
初次蒸餾年：1973 年
營運公司：三得利知多蒸溜所

鹿兒島縣 Mars津貫蒸溜所

位於日本本土南端的威士忌酒廠

Mars津貫蒸溜所為本坊酒造的第二間酒廠，其生產的原酒風格相較信州蒸溜所更加厚重。主要生產無泥煤風味與數款泥煤風味麥芽威士忌。

DATA

地址：鹿児島県南さつま市加世田津貫 6594
主要品項：「津貫 THE FIRST」單一麥芽威士忌等
初次蒸餾年：2016 年
營運公司：本坊酒造

宮城縣 宮城峡蒸溜所

日果威士忌旗下第二間酒廠

宮城峽蒸溜所為了製造出風格有別於余市的原酒，採用以蒸汽加熱的「蒸汽間接蒸餾法」，其蒸餾出來的酒液擁有奔放的香氣，帶點甘甜滋味。

DATA

地址：宮城県仙台市青葉区ニッカ 1
主要品項：「宮城峽」單一麥芽威士忌
初次蒸餾年：1969 年
營運公司：日果威士忌

福島縣 安積蒸溜所

老字號酒藏推出的道地麥芽威士忌

安積蒸溜所位於東北歷史最悠久的地區；2016 年引進全新設備，再以安積蒸溜所名義重啟蒸餾。2019年正式推出酒廠第一款單一麥芽威士忌。

DATA

地址：福島県郡山市笹川 1-178
主要品項：「山櫻 安積 The First」單一麥芽威士忌等
初次蒸餾年：2016 年
營運公司：笹川酒造

靜岡縣 KIRIN DISTILLERY 富士御殿場蒸溜所

既生產麥芽威士忌、也生產穀物威士忌

從備原料到裝瓶，整條產線一手包辦，這種做法放眼全球也很少見。富士御殿場蒸溜所的生產重心放在穀物原酒上，製造風味繁複的威士忌。

DATA

地址：静岡県御殿場市柴怒田 970
主要品項：富士御殿場蒸留所Pure Malt Whisky、「富士」單一穀物威士忌等
初次蒸餾年：1973 年／營運公司：KIRIN DISTILLERY

滋賀縣 長濱蒸溜所

站上世界舞台的小小酒廠

長濱蒸溜所是日本規模最小的酒廠，2018年起開始販賣以國外原酒與自家原酒調和而成的調和麥芽威士忌系列產品。

DATA

地址：滋賀県長浜市朝日町 14-1
主要品項：「長濱」單一麥芽威士忌等
初次蒸餾年：2016 年
營運公司：長濱浪漫啤酒

兵庫縣 江井嶋蒸留所

全日本最靠海的酒廠

這是由超過百年歷史老字號清酒酒藏所建立的威士忌酒廠。他們早在1919年便取得生產執照，1984年新酒廠落成。

DATA

地址：兵庫県明石市大久保町西島 919
主要品項：「明石」、「江井嶋」單一麥芽威士忌等
初次蒸餾年：1961 年
營運公司：江井嶋酒造

北海道 厚岸蒸溜所

目標是推出厚岸全明星單一麥芽威士忌

厚岸蒸溜所為2016年創立的工藝酒廠，參考艾雷島威士忌的風格，堅持傳統製程，並對使用原料嚴格把關。

DATA

地址：北海道厚岸郡厚岸町宮園 4-109-2
主要品項：厚岸威士忌「Kamui Whisky 系列」以及「二十四節氣系列」
初次蒸餾年：2016 年／營運公司：堅展實業

富山縣 三郎丸蒸留所

北陸地區唯一的威士忌酒廠

2019年酒廠引進世界首座鑄造壺式蒸餾器，並堅持製作煙燻風味的威士忌。他們是在日本少數堅持只使用泥煤烘乾麥芽的酒廠。

DATA

地址：富山県砺波市三郎丸 208
主要品項：「三郎丸 0 THE FOOL」單一麥芽威士忌、「陽光威士忌」等
初次蒸餾年：1952 年／營運公司：若鶴酒造

鹿兒島縣 嘉之助蒸溜所

3座壺式蒸餾器共舞出的風味

嘉之助蒸溜所應用製造燒酎的技術，藉著3座壺式蒸餾器製造出風格多采多姿的原酒，誓言做出符合世界標準的威士忌。

DATA

地址：鹿児島県日置市日吉町神之川 845-3
主要品項：「嘉之助」單一麥芽威士忌等
初次蒸餾年：2017 年
營運公司：小正嘉之助蒸溜所

靜岡縣 GAIAFLOW 靜岡蒸溜所

足以兼任桶商的工藝酒廠

擁有全球罕見的柴燒直火蒸餾器 W 與間接加熱蒸餾器 K。希望運用不同蒸餾器，發揮出在地原料的特色，做出具靜岡獨特風格的威士忌。

DATA

地址：静岡県静岡市葵区落合 555
主要品項：「靜岡 Prologue K」、「靜岡 Prologue W」、「CONTACT S」（皆為單一麥芽威士忌）
初次蒸餾年：2016 年／營運公司：Gaia Flow Distilling

宮崎縣　尾鈴山蒸留所

純手工造就的獨特味道與品質

酒廠充分運用過去製造燒酎的經驗，並於2019年開始生產威士忌，使用的原料皆為九州當地作物。

DATA

地址：宮崎県児高湯郡木城町石河內字倉谷 656-17
主要品項：「OSUZU MALT NEW MAKE」等
初次蒸餾年：2019 年
營運公司：黑木本店

廣島縣　櫻尾蒸留所

代表山海的單一麥芽威士忌

這間酒廠於 1980 年代後半一度停產，一直到 2017 年才以櫻尾蒸留所的名義復廠，目前生產琴酒與威士忌。

DATA

地址：広島県廿日市市桜尾 1-12-1
主要品項：「櫻尾」單一麥芽威士忌、「戶河內」單一麥芽威士忌等／初次蒸餾年：2017 年
營運公司：SAKURAO Brewery and Distilleryy Co., Ltd.

山形縣　遊佐蒸溜所

目標是生產出全球憧憬的威士忌

這是由山形縣燒酎廠牌「金龍」創立的威士忌酒廠，目前集結了少數年輕菁英，開始製造正統風格的威士忌。

DATA

地址：山形県飽海郡遊佐町吉出カクジ田 20
主要品項：YUZA First edition 2022（預計 2022 年販售）
初次蒸餾年：2018 年
營運公司：金龍

岡山縣　岡山蒸溜所

少量生產的工藝威士忌

在 2011 年時酒廠嘗試使用燒酎蒸餾器生產威士忌，並且於2015 年更引進壺式蒸餾器，以更正統方式開始製造威士忌。

DATA

地址：岡山県岡山市中区西川原 184
主要品項：「岡山」單一麥芽威士忌等
初次蒸餾年：2015 年
營運公司：宮下酒造

北海道　ニセコ蒸溜所（二世古蒸溜所）

二世古地區的第一座威士忌酒廠

這間酒廠追求做出優雅、細膩且風味平衡的日本威士忌，預計2024 年開始販售單一麥芽威士忌。

DATA

地址：北海道虻田郡ニセコ町ニセコ 478-15
主要品項：尚無（預計於 2024 年推出單一麥芽威士忌）
初次蒸餾年：2021 年
營運公司：二世古蒸溜所

鳥取縣　倉吉蒸溜所

山陰地區的第一間威士忌酒廠

酒廠於 2017 年開始運作，生產威士忌之餘也積極推出琴酒、梅酒等豐富品項，並多次在國際競賽創下佳績。

DATA

地址：鳥取県倉吉市上古川 656-1
主要品項：「松井 單一麥芽威士忌」、「倉吉純麥威士忌」等／初次蒸餾年：2017 年
營運公司：松井酒造合名會社

新潟縣

新潟龜田蒸溜所

新潟第一款正宗麥芽威士忌

該酒廠自 2021 年起開始製造威士忌，既使用新潟米為原料，也使用新潟產大麥並自行發麥。他們的目標是做出能表現當地風土特色的威士忌。

DATA

地址：新潟市江南区亀田工業団地 1-3-5
主要品項：尚無（估計於 2024 年起正式發布產品）
初次蒸餾年：2021 年
營運公司：新潟小規模蒸溜所

茨城縣

八鄉蒸溜所

堅持使用在地原料

這間酒廠是由推出常陸野貓頭鷹啤酒的木內酒造所建立。現在他們也準備開始使用茨城在地原料製造日本威士忌。

DATA

地址：茨城県石岡市須釜 1300-8
主要品項：尚無
初次蒸餾年：2020 年
營運公司：木內酒造

兵庫縣

海峡蒸溜所

積極拓展海外通路

該酒廠於2017年開始生產威士忌，並且積極開拓海外通路。像「波門崎威士忌」就是專門作為外銷的產品。

DATA

地址：兵庫県明石市大蔵八幡町 1-3
主要品項：「波門崎威士忌」等
初次蒸餾年：2017 年
營運公司：明石酒類釀造

埼玉縣

鴻巢蒸溜所

直到滿意之前都不會發布品項的外資酒廠

該酒廠最大的特色在於外觀神似蘇格蘭的酒廠。他們於2020年開始製造威士忌，預計未來設立商務中心，開放民眾參觀。

DATA

地址：埼玉県鴻巣市小谷 625
主要品項：尚無（預計 2025 年開始推出產品）
初次蒸餾年：2020 年
營運公司：光酒造

愛知縣

清洲櫻釀造

加入清酒酵母的威士忌

「清洲5年窖藏威士忌」為發酵過程加入清酒酵母，並放入橡木桶陳放多年的日本威士忌。

DATA

地址：愛知県清須市清洲 1692
主要品項：「清洲 5 年窖藏威士忌」
初次蒸餾年：2015 年
營運公司：清洲櫻釀造

岐阜縣

玉泉堂酒造

本土威士忌風行年代盛極一時

1980 年日本曾經風行本土威士忌，當時玉泉堂就推出了一款「Peak WHISKY」。現在也積極投入威士忌生產，準備推出自己的單一麥芽威士忌。

DATA

地址：岐阜県養老郡養老町高田 800-3
主要品項：「Peak WHISKY」、「Peak WHISKY Special」
初次蒸餾年：1949 年（2018 年重啟）
營運公司：玉泉堂酒造

兵庫縣　六甲山蒸溜所

水源取自六甲山的山泉水

該酒廠 2021 年才開始蒸餾，目前推出的「六甲山純麥威士忌 12 年」是進口國外原酒，並以六甲山山泉水勾兌後，裝瓶販售的品項。

DATA

地址：兵庫県神戸市灘区六甲山町南六甲 1034-229
主要品項：「六甲山純麥威士忌」
初次蒸餾年：2021 年
營運公司：AXAS

沖繩縣　Helios酒造 許田蒸留所

沖繩第一支單一麥芽威士忌

該酒廠致力於生產香氣馥郁、味道富有層次的威士忌，如「許田」即堅持不使用焦糖色素調色、非冷凝過濾的正統單一麥芽威士忌。

DATA

地址：沖縄県名護市字許田 405
主要品項：「許田」單一麥芽威士忌等
初次蒸餾年：1961 年
營運公司：Helios 酒造

福岡縣　新道威士忌蒸溜所

堅守基本精神也勇於面對新挑戰

江戶時代創業的老牌酒鋪「篠崎」為實現長年來自行生產單一麥芽威士忌的夙願，秉持著「QUEST FOR THE ORIGINAL」的精神，創立這間酒廠。

DATA

地址：福岡県朝倉市比良松 185 番地
主要品項：尚無
初次蒸餾年：2021 年
營運公司：篠崎

千葉縣　須藤本家

千葉縣首支工藝威士忌

這一間老字號清酒藏經營酒廠於 2020 年推出「房總威士忌」，是以熟陳 3 年的自家麥芽原酒調和國外穀物原酒而成。

DATA

地址：千葉県君津市青柳 16-10
主要品項：「房總威士忌」
初次蒸餾年：2018 年
營運公司：須藤本家

大分縣　久住蒸溜所

100年後仍要繼續生產威士忌

津崎商事搖旗吶喊「我們要親手製作理想中的酒」，於是選在氣候涼爽、水源豐富的九重山脈中設立酒廠。2021 年 2 月起已正式開始生產威士忌。

DATA

地址：大分県竹田市久住町 6426
主要品項：尚無（預計 2024 年～ 2025 年發布）
初次蒸餾年：2021 年
營運公司：津崎商事

秋田縣

秋田蒸溜所（暫定）

致力打造本州最北端的酒廠

這間規劃中的酒廠是由「株式會社 Dream Link」主持計畫，並且邀請了秋田市酒吧「Bar Le Verre」的創辦人佐藤謙一擔任該計劃顧問。

DATA

地址：秋田県秋田市郊外（尚未確定詳細地址）
主要品項：尚無（目標於 2026 年起發布產品）
初次蒸餾年：預計 2023 年啟用
營運公司：Dream Link

鹿兒島縣

御岳蒸留所

櫻島風光盡收眼底的酒廠

這間酒廠特別將壺式蒸餾器的林恩臂*角度拉高，以獲得澄淨又充滿果香的酒液。

*林恩臂（Lynn Arm）：蒸餾器頂端轉折處之後、冷凝器之前的細長管道部分。

DATA

地址：鹿児島県鹿児島市下福元町 12300
主要品項：尚無
初次蒸餾年：2019 年
營運公司：西酒造

靜岡縣

井川蒸溜所

擁有2億4千萬平方米水源地的酒廠

水源地：南阿爾卑斯山

擁有大自然孕育出的天然泉水、適合做木桶的高品質木材及日本最高海拔 1200m 熟成環境，誓言做出匯集南阿爾卑斯山自然恩惠的威士忌。

DATA

地址：静岡県静岡市葵区田代
主要品項：尚無（目標於 2027 年起發布產品）
初次蒸餾年：2020 年
營運公司：十山

北海道

馬追蒸溜所

立足北海道，誓言走向世界

該酒廠目前正與北海道立綜合研究機構合作，規劃使用北海道當地原料，做出北海道玉米威士忌。未來也計畫生產白蘭地等蒸餾酒。

DATA

地址：北海道夕張郡長沼町加賀団体
主要品項：尚無（預計 2025 年發布）
初次蒸餾年：2022 年
營運公司：MAOI

埼玉縣

羽生蒸溜所

睽違20年再次啟動的蒸餾器

雖然一度停擺，但 2016 年開始透過進口海外原酒重拾威士忌事業，並於 2021 年開始重啟蒸餾器，生產自家威士忌。

DATA

地址：埼玉県羽生市西 4-1-11
主要品項：「Golden Horse 武藏」、「Golden Horse 武州」／初次蒸餾年：1980 年（2021 年重啟）
營運公司：東亞酒造

北海道　紅櫻蒸溜所

琴酒酒廠製作的威士忌

酒廠位於札幌市紅櫻公園園區內，是北海道首座的工藝琴酒酒廠。自 2022 年起預計開始製造威士忌。

DATA

地址：北海道札幌市南区澄川 389-6 紅櫻公園園區内
主要品項：「9148」系列工藝琴酒
初次蒸餾年：預計 2022 年開始
營運公司：北海道自由威士忌

北海道　神居蒸溜所

位於日本國境之北的威士忌酒廠

由美國的創業家凱西・沃爾（Casey Wahl）發起的酒廠，期望將利尻島塑造成日本的艾雷島，近期以利尻島豐富的自然資源為原料進行蒸餾。

DATA

地址：北海道利尻郡利尻町沓形字神居 128
主要品項：尚無
初次蒸餾年：2022 年（預計）
營運公司：Kamui Whisky

山梨縣　富士山蒸溜所

接受富士山恩惠的威士忌

酒廠的水源來自富士山的伏流水，並使用木製發酵槽，以及向山宅製作所訂製的直火加熱壺式蒸餾器，目標是蒸餾出強勁的酒體。

DATA

地址：山梨県富士吉田市上吉田 4918-1
主要品項：尚無
初次蒸餾年：預計 2022 年秋完工
營運公司：SASAKAWA WHISKY

神奈川縣　熊澤酒造

啤酒桶陳威士忌

熊澤酒造原為生產清酒與啤酒的酒藏，現在他們發揮這項特色，開始嘗試生產啤酒桶陳威士忌。

DATA

地址：神奈川県茅ヶ崎市香川 7-10-7
主要品項：尚無（預計 2023 年推出產品）
初次蒸餾年：2020 年
營運公司：熊澤酒造

新手入門

什麼是調和威士忌!?

麥芽威士忌 ＋ **穀物威士忌**

＝調和威士忌

占全球威士忌產量的

95%

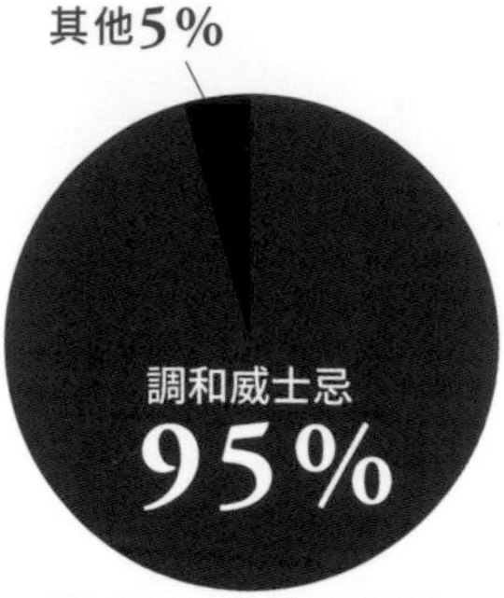

以裝瓶後的蘇格蘭威士忌產量計算

單式蒸餾器（壺式蒸餾器）

1次蒸餾結束之後，必須要手動處理才能進入下一次蒸餾。一般來說，麥芽威士忌會經過2次到3次的蒸餾。

＋

連續式蒸餾器

由於連續式蒸餾器會自動進行一次又一次蒸餾，所以產能非常驚人。普遍來說，穀物威士忌都是以連續式蒸餾器製造。

調和威士忌＝麥芽原酒＋穀物原酒

顧名思義，蘇格蘭的調和威士忌就是經調和而成的威士忌。嚴格來說，是以麥芽威士忌與穀物威士忌調和而成的威士忌。根據統計，調和威士忌占蘇格蘭威士忌總產量的95%（以裝瓶後的狀態計算）。換句話說，瓶裝販售的單一麥芽威士忌只占蘇格蘭威士忌總產量的5%。

一般來說，麥芽威士忌會用單式蒸餾器（壺式蒸餾器）蒸餾，穀物威士忌則會用連續式蒸餾器蒸餾。兩種蒸餾器最關鍵的差異在於——單式蒸餾器較能保留原料風味；連續式蒸餾器

較容易消除原料風味，能以高效率取得高酒精濃度的烈酒。

調和威士忌 考驗調和師的功力？

調和威士忌大約是從1800年代中期開始於蘇格蘭流通，但直到1909年才成為官方認證的合法蘇格蘭威士忌。從那時候到現在，調和威士忌始終是威士忌市場上的大宗產品，單一麥芽威士忌也是1990年代左右才開始崛起；所以其實日本過去有好一段時間，只要提到威士忌，講的都是調和威士忌。

綜觀全球市場，調和蘇格蘭威士忌的銷量也遠遠多於單一麥芽蘇格蘭威士忌；舉例來說，2020年「約翰走路」系列產品的銷量高達1840萬箱；而全世界賣最好的單一麥芽蘇格蘭威士忌「格蘭菲迪」系列產品銷量才不過150萬箱（※根據英國酒類專業雜誌《Drinks International》之調查結果），兩者的銷量差了超過十倍。過去好一段時間，單一麥芽威士忌在人們心中都是個「流行不起來的東西」，只有少部分愛好者、老饕才會喝，不過現在單一麥芽威士忌可說是盛況空前。

單一麥芽蘇格蘭威士忌依規定必須產自單一酒廠，且材料僅限使用發

調和威士忌知名品牌

約翰走路

帝王

百齡罈

起瓦士

老帕爾

「約翰走路」系列常見的品項有紅牌、黑牌；其他超市常見的調和威士忌還有「百齡罈」、「帝王」、「起瓦士」、「老帕爾」、「順風」等等。這些酒款的價位大多落在1000～2000日圓，剛好也能滿足Highball熱帶起的市場需求；很多品項的酒標上面也都有標示年份。豐富的品項，也是調和威士忌的魅力之一。

日本的調和威士忌

日本的威士忌大多是依循蘇格蘭威士忌的生產方式製作，其中幾款代表性品牌如三得利的「響」、「Suntory Royal」、「Suntory Special Reserve」、日果「Nikka Super」、「Nikka from the Barrel」、「Nikka Black」系列，及秩父蒸溜所的「秩父白葉」。

芽大麥，性質單純，酒廠資訊也算透明。至於調和威士忌則調和了好幾間酒廠的原酒，而且有些廠牌還沒有公開麥芽原酒與穀物原酒的比例，因此較難窺見那支酒的背景。

但也因此，我認為喝調和威士忌的時候也比較不容易被先入為主的觀念影響。調和威士忌喝的是調和師的手藝，而這也是調和威士忌最值得玩味的地方。話雖如此，近年來也有不少調和威士忌大方公開酒款資訊，像這一類資訊較透明的威士忌有時也很受歡迎。

「Usquaebach Reserve」調和超過 20 種熟陳年數 10 ～ 18 年的麥芽原酒。

知道原酒調和比例也不可能得知味道

一般來說，調和式威士忌內的穀物威士忌含量會多於麥芽威士忌。不過每個品牌的調和比例都不一樣，某些高級酒款或高年份的調和威士忌，麥芽原酒的比例也可能較高。

也有像「Usquaebach Reserve」這種價格不高，麥芽原酒比例卻很高的調和威士忌。又好比三得利的「響17年」，據說它的麥芽原酒和穀物原酒比例是一比一；而這或許就是「響」之所以那麼搶手的秘密。

話雖如此，調和威士忌的品質和麥芽原酒占比高低並無直接的關係。一些生產者也認為，調和威士忌的品質取決於原酒品質本身的優劣，而非麥芽原酒的用量。

年份也一樣，若麥芽原酒和穀物原酒的熟陳年數都很高，兩者個性也可能相互衝突，導致風味沒有整體性。

常有人誤解穀物威士忌只是濫竽充數的便宜東西，某些單一麥芽威士忌擁護者甚至認為品質低落的穀物原酒只會稀釋麥芽威士忌的風味，但其實穀物威士忌是能夠襯托麥芽威士忌風味的重要夥伴。

有些調和師也表示：「以小麥為原料製作的穀物威士忌，放入波本桶熟陳八～十二年，也會出現類似高年份麥芽威士忌的風味，幫助威士忌整體的風味遍布舌頭。」

了解主要麥芽原酒 喝起酒來更有趣

談到調和威士忌，就不得不談談何謂主要麥芽原酒（Key Malt＊）。主要麥芽原酒即一款調和威士忌中用來建構風味主軸的麥芽原酒。

以「百齡罈17年」為例，據說其中調和了超過40種麥芽原酒與穀物原酒，而當中擔綱香氣、風味主軸，建構酒款特色的麥芽原酒，就是主要麥芽原酒。

請見左上圖，有些調和威士忌品牌公開自己使用的主要麥芽原酒。了解這項資訊，我們在喝酒的時候也會多一個尋找主要麥芽原酒風味的樂趣。

其實早期幾乎所有酒廠生產麥芽原酒都是為了製作調和威士忌，我們現在常喝到的某些單一麥芽威士忌廠牌，以前也不曾自己裝瓶販售過；而現在依然有許多酒廠專心為調和威士忌提供麥芽原酒。

像「百齡罈」主要使用的「格蘭伯吉（Glenburgie）」還有「米爾頓達夫（Miltonduff）」以及「格蘭道奇（Glen-tauchers）」就幾乎找不到官方裝瓶的產品。

常見酒款中主要使用的麥芽原酒

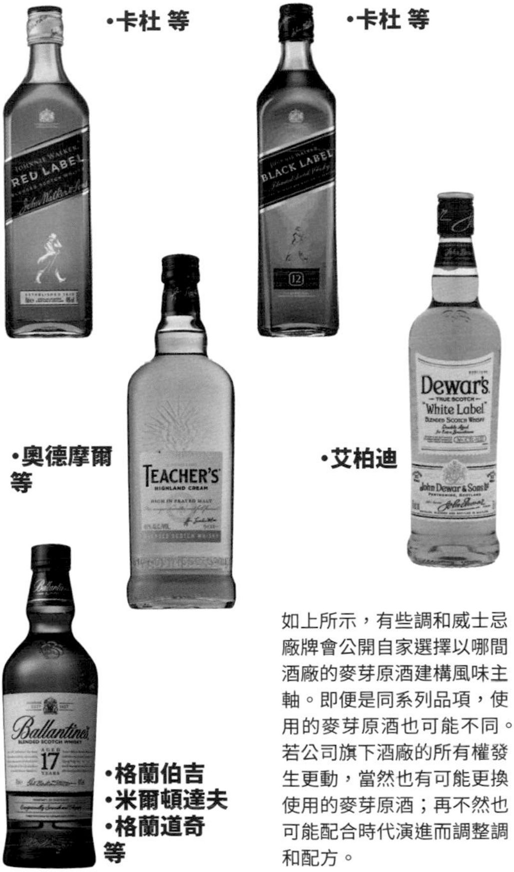

如上所示，有些調和威士忌廠牌會公開自家選擇以哪間酒廠的麥芽原酒建構風味主軸。即便是同系列品項，使用的麥芽原酒也可能不同。若公司旗下酒廠的所有權發生更動，當然也有可能更換使用的麥芽原酒；再不然也可能配合時代演進而調整調和配方。

穀物威士忌的力量

要編組一支所向披靡的球隊，可不能只找充滿個人特色的明星球員。穀物威士忌就像是一支球隊裡默默出力的綠葉型球員。雖然成本考量也是使用穀物威士忌的一大理由，但這麼做，確實可以增加整體風味的層次。

＊譯註：Key Malt為日本特有的習慣說法。

尋找舊瓶裝老酒也是一種樂趣

很多人似乎認為調和威士忌都是便宜貨，但也不盡然，也有「百齡罈30年」這種高級貨。所以可以說，產品性質跨度大，也是調和威士忌吸引人的地方。

而且調和威士忌在市場上的銷量遠遠超過單一麥芽威士忌，所以很多舊瓶裝的「老酒」價格也相對便宜許多。1980年之後，世界威士忌市場一度低迷，大多酒廠都有原酒過剩的問題，需要煩惱如何消耗庫存，因此據說以前很多便宜的調和蘇格蘭威士忌都含有不少高年份原酒。我認為現在正是收購老酒的好時機，我們可以深入了解酒款歷史與當年的時代背景，好好享受老酒的滋味（上方照片是幾款流通量較大的常見老酒）。

Column

輕鬆在家玩熟成？【魔法小木條】
替自己的酒增添木桶風味

日本「有明產業」推出了一款名為「Taru Flavor」的木條，供民眾在家輕鬆體驗熟成威士忌的樂趣。經過實測，只要浸泡個一天就能充分享受到木條賦予酒液的香氣。

實測時，我用的是長濱蒸餾所的新酒（New make）。新酒就是還沒放橡木桶陳放的威士忌，所以酒液是透明的，而且還沒有任何木桶帶來的風味。

順帶一提，有明產業是日本國內唯一一間有製作西洋橡木桶的公司。Taru Flavor共有三個種類：美國白橡木、山櫻木、水楢木。我這次用的是美國白橡木。

使用方法很簡單，把木條泡進新酒就行了。以下是我將木條放入新酒後觀察到的變化。

以結論來說，大概到第五天時熟成就趨於完成了。這時新酒原本粗糙的泥煤感已經溫和許多，氣味也比一開始還要甜上兩倍，而酒液也慢慢染上顏色；煙燻的氣味不再刺鼻，香草的氣息更加明顯。至於味道，也已經很接近一般陳放過美國橡木桶的威士忌風味。

Taru Flavor還可以**當攪拌棒使用，放進酒裡攪一攪就能立刻增添木桶香**。雖然木條的風味強度會隨著使用次數遞減，但只要削掉表面再用火烤過，即可喚回原本的效果。

當你已經習慣喝威士忌，也知道自己偏好的風味之後，不妨也買包Taru Flavor試試看，玩出自己喜歡的風味。

5分鐘後 已經開始染色，明顯和完全透明的狀態不同。

24小時後 顏色已經很明顯了。雖然酒精感還是很刺激，但已經多了一分甘甜。

3天後 顏色更濃了。新酒特有的負面要素已經慢慢趨於穩定。

5天後 跟第 2 天比起已經甜了 2 倍以上，也開始出現明確的煙燻氣息。這個階段或許已經稱得上完成了。

7天後 穀物感更平靜，多了泥煤和香草的香氣，已經變化成我們認知中的威士忌了。

新手必讀

調和蘇格蘭威士忌排行榜

第1名 起瓦士水楢桶 12年 [305票]

觀眾評論

- 起瓦士水楢桶讓我愛上了威士忌！
- 這支酒喝起來很順口，對新手也很友善。
- 調和蘇格蘭威士忌我只喝這支，而且它調成Highball特別好喝！我原本討厭喝威士忌，但這支酒直接讓我深陷威海。
- 這支酒的水楢桶香氣讓我體會到威士忌桶陳的奧妙，也一把將我推入威海。這支酒不難買，卻能喝到水楢桶過桶的風味，真的很棒。
- 我是因為看到外盒上的MIZUNARA（水楢）才想說買來喝喝看，一喝發現這支酒又順又甜，我也漸漸地迷上了威士忌。

DATA
40%／700ml／
Chivas Brothers／
日本保樂力加

老闆短評！
我原本預期起瓦士水楢桶的排名會在更後面，沒想到它竟然以黑馬之姿榮登第 1 名的寶座！我這才體認到自己的認知和外界其實有點差異（笑）。

第2名 約翰走路黑牌12年 [292票]

觀眾評論

- 約翰走路黑牌價格實惠，也是喝不膩的普飲款，我平常大多會調成Highball。
- 黑牌的整體風味很平衡，還帶有一點煙燻味。
- 這支酒根本是萬能的居家必備酒款，價格不超過2500日圓，無論純飲、加冰或是調成Highball都好喝。
- 調和蘇格蘭威士忌最重要的就是風味的平衡度，而黑牌的平衡度無可挑剔。所以我覺得黑牌的味道就是威士忌的表率。
- 黑牌的酒體扎實、帶點泥煤香，喝起來很有滿足感，卻感覺不太到酒精的辛辣感。
- 黑牌的煙燻強度恰到好處，相對實惠的價格也是其一大優點。

DATA
40%／700ml／
帝亞吉歐／麒麟啤酒

老闆短評！
我老家就是酒鋪，所以黑牌算是我從小就認識的品牌之一，搞不好還是我最早認識的威士忌。而且約翰走路推出過一大堆促銷周邊產品，所以對這位「邁步向前的紳士」(striding man) 充滿了回憶。

※問卷設定之條件為：現行通路供應之品項、價格低於10000日圓、不包含調和麥芽威士忌。

第5名　百齡罈12年 [138票]

觀眾評論

- 我認為這支酒是純飲或加冰喝威士忌的第一步。
- 這是一支無論純飲、兌水，還是調成Highball都好喝的威士忌，而且價格又很親民，所以我在家大多都喝這一支。
- 這支酒很順口，而且每次喝都能感受不同層次的風味，很有趣。

DATA
40%／700ml／George Ballantine & Son／三得利

老闆短評！
我認為可以把百齡罈12年想像成紅璽的升級版。

第3名　百齡罈17年 [222票]

觀眾評論

- 不愧是人稱正宗蘇格蘭威士忌的一支酒，喝起來順口、鮮爽甘醇，又洋溢著華麗的風味。
- 難以想像5000日圓左右的價格就能感受到這麼高年份的熟成滋味。
- 百齡罈17年是我最喜歡的調和威士忌！那種令人聯想到香草的甜美香氣總是令我感到幸福。

DATA
40%／700ml／George Ballantine & Son／三得利

老闆短評！
這支酒尾韻的水果風味帶點雪莉桶的風格，但又不至於太甜膩。這也是其優點之一。

第6名　百齡罈紅璽 [136票]

觀眾評論

- 我不覺得相同價位有其他酒贏得過這一支。
- 這麼好喝的威士忌竟然這麼便宜，已經不只是CP值高不高的問題，根本犯規了！
- 這支酒帶給我很大的衝擊，沒有想到威士忌也可以這麼好喝。
- 這支讓我從此愛上威士忌。
- 這支酒最亮眼的地方就在於CP值超高。

DATA
40%／700ml／George Ballantine & Son／三得利

老闆短評！
「百齡罈」是全球銷量第2名的蘇格蘭威士忌品牌，而紅璽則是他們的入門款。

第4名　教師牌 [180票]

觀眾評論

- 這支酒最棒的地方在於它雖然有煙燻味，但又喝得到甘甜的滋味。
- 這種價格竟然能喝到這種程度的泥煤香與韻味，簡直是夜晚小酌最佳良伴。
- 身為喜歡有煙燻味威士忌的人，這支酒算是我日常必備的超高CP值酒款。而且更棒的是，就算調成Highball也無損本身的香氣與風味。

DATA
40%／700ml／三得利

老闆短評！
這支的CP值不得了！喜歡煙燻風味的人喝起來一定特別對味。

第9名 老帕爾12年 [97票]

觀眾評論

- 老帕爾帶我認識了威士忌的美味。
- 老帕爾是我第一次喝到的威士忌！雖然其他好喝的威士忌不勝枚舉，但27年來我始終深愛著老帕爾。
- 老帕爾12年的醇厚滋味非常適合吃飯的時候配著喝，而且它很萬能，不管用什麼方式喝都好喝。

DATA

40%／750ml／MacDonald Greenlees／MHD 酩悅軒尼詩帝亞吉歐

老闆短評！

老帕爾本來就是日本常見的威士忌之一，在昭和時代甚至還是高級蘇格蘭威士忌的代名詞。

第7名 起瓦士12年 [117票]

觀眾評論

- 這支威士忌也很適合推薦給新手嘗試。
- 這支酒調成Highball非常清爽，很好喝。
- 便宜又好喝的常備酒款。
- 雖然起瓦士12年喝起來就是平平順順的，但我認為這就是正統威士忌的風味。最早是我父親喜歡喝，現在連我也愛上它了！

老闆短評！

這支受歡迎的秘密，是它帶著類似蘋果與蜂蜜的風味。而且長時間陳年換來的柔順尾韻也是它的一大特色。

DATA

40%／700ml／Chivas Brothers／日本保樂力加

第10名 白馬調和威士忌 [93票]

觀眾評論

- 「白馬」已經是我生活中的一部分了。
- 我喜歡喝白馬Highball，因為那微微的煙燻調性喝起來很棒，CP值又高。
- 白馬就算大量加水稀釋還是喝得出原本的風味特色，所以害怕酒精感的人也可以好好享受威士忌的美味。
- 白馬是我在居酒屋喝習慣的Highball滋味。

老闆短評！

這支酒以樂加維林的原酒作主要麥芽原酒，造就明顯的煙燻風味。

DATA

40%／700ml／帝亞吉歐／麒麟啤酒

第8名 帝王12年 [98票]

觀眾評論

- 這支酒可以充分享受到調和蘇格蘭威士忌的優點。
- CP值太高了！我試著讓平常不喝威士忌的家人喝喝看用它調的Highball，他們都被這支酒的香氣驚艷到了。
- 如果以半冰半水的方式喝帝王12年，相信任何人都會覺得順口。
- 我喜歡這支酒那些堅果、香草的香氣與熟成風味。

老闆短評！

帝王是這幾年人氣直線竄升的品牌，我想是因為它平衡的風味非常能夠代表蘇格蘭威士忌特色的關係。

DATA

40%／700ml／John Dewar & Sons／日本百加德

※本頁評論純屬觀眾個人意見

第21名 **懷特馬凱雙獅 3 次熟成蘇格蘭威士忌** **[21 票]**

這支酒圓熟而馥郁的口感實在很難想像價格如此便宜，令人佩服調和師的手藝。／沒想到這個價位能喝到這種雪莉桶的風味，眞是太棒了。

第22名 **老帕爾 Superior** **[19 票]**

這款價格稍高，但美味無庸置疑。／不僅喝得到高級的圓熟滋味，瓶身也充滿高級感，光看就覺得很開心。

第23名 **約翰走路 18 年** **[18 票]**

滿足感超群。／口感非常沉穩，喝起來柔順不會刺激，微微的泥煤氣息也很舒服。

第23名 **VAT69** **[18 票]**

雖然這支酒價格低廉，但調成Highball很好喝。／我是因爲受到漫畫的影響而喜歡上這支酒，主要是對酒瓶上的故事、歷史感興趣。

第25名 **黑白狗調和威士忌** **[15 票]**

甘甜香氣、適度泥煤，堪稱平衡度最理想的威士忌經典風味。／以價格和順口度來說，這支酒很適合新手嘗試。

第26名 **黑樽艾雷島特選調和威士忌** **[14 票]**

雖然這支酒是泥煤風格，但整體風味很平衡！調成Highball超好喝。／我平常會加冰或調成Highball來喝，它平衡的泥煤風味非常優秀。

第26名 **約翰走路金牌珍藏** **[14 票]**

我個人覺得這是約翰走路系列裡面最順口的一支。／明顯可以感覺到這支酒是延續紅牌、黑牌特色的升級版約翰走路調和威士忌。

第28名 **帝王 15 年** **[13 票]**

原本因爲帝王12年不太對我的胃口，才想試試看15年，原本還很沒信心，結果意外很喜歡，所以印象特別深刻。／這支酒帶有美味的熱帶風味和花香。

第28名 **克雷摩** **[13 票]**

這支個性有點強烈，還有點煙燻味。它只要900日圓左右，所以每天都會喝上一點。／若想要喝點偏甜的酒會推薦這支。光聞它的香氣就是一種享受。

第30名 **長腳約翰威士忌（Long John）** **[12 票]**

我喜歡它扎實的煙燻感。這是我常喝的低價酒款，多買幾瓶囤在家裡也沒負擔。／1000日圓左右就能買到，CP值很高，調成Highball也很適合。

第11名 **帝王白牌** **[90 票]**

是一支清爽又易飲的日常必備酒款。／喝起來完全不會覺得刺激，我認爲非常適合推薦給不太能喝酒的人。

第12名 **順風威士忌** **[86 票]**

我家裡的平價常備威士忌就只有這一款。／這支酒便宜又好喝，喝多了也沒什麼罪惡感。

第13名 **約翰走路紅牌** **[65 票]**

每間超市都能便宜買到紅牌，這也是我個人喜歡的口味。／我在還不懂威士忌的時候喝過一次，當時就被它的香氣和味道大大震撼。

第14名 **起瓦士 18 年** **[63 票]**

稍微奢侈一下時就會喝這支。／這支酒非常易飲，果香四溢、酒精刺激感低。以18年的年份來說，這支酒CP值眞的很高，都會常備一些在家。

第15名 **貝爾斯 調和蘇格蘭威士忌** **[54 票]**

價格便宜，卻喝得到很有深度的煙燻味。／很多調和威士忌喝起來都很單薄，但貝爾斯給人的印象卻是厚重馥郁。

第16名 **起瓦士 18 年水楢桶** **[53 票]**

不管是要純飲、水割，還是Highball都好喝。／因爲喝得到煙燻味，正好很對我這個艾雷島愛好者的胃口。

第17名 **約翰走路雙黑極醇** **[50 票]**

煙燻味比我原本想像得還要重很多。／雖然這支酒的泥煤味偏重，但最根本還是黑牌的味道，會推薦給想要喝點艾雷島風味或類似泰斯卡風味的人。

第18名 **百齡罈 21 年** **[43 票]**

喝起來極度精鍊的味道。／這支酒對我來說充滿了回憶，我大學時和朋友一起買過一支，而它也讓我從此愛上了威士忌。

第19名 **白馬 12 年調和威士忌** **[36 票]**

這支有適度的泥煤味，無論純飲還是調成Highball都好喝。／這支酒有一種不張揚的美味，純飲就能搭配風味細膩的和食！

第19名 **威雀 金冠威士忌** **[36 票]**

甜感與雪莉風味都很強，調成Highball喝起來和其他威士忌調的味道完全不一樣。／我超喜歡喝威雀Highball！

威士忌基礎知識
單一麥芽是什麼意思？

酒標上的年份爲內含原酒的最低陳年數

各位已經知道，單一麥芽威士忌的意思是單一酒廠生產的麥芽威士忌。

講得深入一點，一間酒廠每年都需要各式各樣的橡木桶來陳放酒液，其數量相當可觀；而單一麥芽威士忌就是用這些橡木桶內的麥芽原酒調和而成的產品。關於年份標記，假設一瓶酒的風味是以桶陳10年、桶陳12年、桶陳15年的原酒調配而成，這種情況下，酒標上的年份只能夠標示10年(或不標示)。舉例來說「格蘭菲迪12年」的意思不是只用了桶陳12年的原酒調和而成，而是使用的原酒都至少桶陳了12年以上，所以就算裡面含有桶陳20年的原酒也不無可能。

其中也有一些不標註年份的品項，我們一般稱之為無年份酒款；這種情況在日本威士忌上特別常見。我推測不標註年分的主要原因，可能是因為酒款使用的原酒都比較年輕。

不過選擇不標示年份有個好處，就是使用原酒的選擇上沒了陳年時間的限制，可以更自由挑選不同的原酒進行調和。很多單一麥芽威士忌雖然沒有標記年份，卻能喝到明顯的熟成滋味，其中當然也不乏一些高級品項。

以單一麥芽蘇格蘭威士忌的情況來說，大多品牌的基本酒款都會標記年份。即使是無年份酒款，也會明確寫出該威士忌的特色，比如「拉弗格」的「拉弗格特選桶（LAPHROAIG

單一 (Single) → **單一酒廠**

麥芽 (Malt) → **發芽大麥**

單一麥芽的「單一」代表產自單一酒廠，而非出自單一橡木桶。所以如果使用了兩家酒廠的麥芽原酒調和，就不能稱作單一麥芽威士忌。

舉例來說……

10年熟陳 ＋ 12年熟陳 ＋ 15年熟陳

→酒標上只能標示10年

如果威士忌酒標上的年份標示 10 年，代表那瓶酒使用的原酒至少都熟陳 10 年以上。不過也有一些威士忌不會明確寫出年份(無年份)。

SELECT)」就是以副標題的方式來描述酒款特色。

用桶策略造就蘇格蘭威士忌的特色

接下來我們聊聊橡木桶。舉例來說，「格蘭菲迪12年」和「格蘭菲迪18年」的差異並不只有熟陳年數不同，就連使用的橡木桶種類、原酒種類都不一樣，所以喜歡12年味道的人，倒不見得會喜歡18年。而「格蘭菲迪12年」就算再熟陳6年，也不會變成「格蘭菲迪18年」，因為使用的橡木桶不同，調和配方當然也會隨之改變。

此外，蘇格蘭威士忌對於橡木桶的使用次數也有明確區別，第一次裝填新酒陳年的桶子稱作First fill（初次桶、一次桶），第二次裝填的桶子則稱作Seconed fill（再填桶、二次桶。又，第三次開始便稱作Refill）。初次桶是指尚未陳放過蘇格蘭威士忌的橡木桶，但前面可能已裝過雪莉酒、波本威士忌，只是第一次用來裝填蘇格蘭威士忌。初次桶會賦予酒液較強烈的酒桶特色，所以也不能說使用初次桶陳年的酒一定比較好。

據說「格蘭利威12年」的用桶策略相當複雜，一直以來都不斷地調整第一次、第二次、第三次裝填桶原酒之間的最佳平衡。

很多特色過於強烈的原酒，也可能會自成一項產品獨立販售。

「格蘭菲迪 12 年」和「格蘭菲迪 18 年」的熟陳策略與原酒種類都不一樣。

格蘭菲迪12年

先在美國橡木桶與歐洲雪莉桶內耐心陳放至少 12 年，最後再換桶繼續熟陳。

格蘭菲迪18年

嚴選至少陳放 18 年的西班牙 Oloroso 雪莉桶原酒與美國橡木桶原酒，調和後又繼續熟陳至少 3 個月。

⬇

由此可知，「格蘭菲迪12年」就算繼續熟陳也不會變成「格蘭菲迪18年」。

年份不見得愈高愈好？

「年份愈高愈好喝」也是一項常見的誤解。以「格蘭哥尼10年」與「格蘭哥尼21年」為例，兩者年份相差甚鉅，風格也差滿多的。「格蘭哥尼10年」使用30%的初次桶、70%的再填桶，避免做出個性太強烈的威士忌。至於「格蘭哥尼21年」則是100%初次裝填歐洲雪莉桶。

所以覺得10年「順口好喝」的人，可能會覺得21年喝起來「個性太強烈」。結論是，光看年份並無法判斷威士忌的好壞。希望各位也別只根據年份斷定「格蘭哥尼21年」就是「格蘭哥尼10年」的高級款。

好奇兩者之間差異的人，不妨都喝喝看吧。

但這兩支酒還是有很多相似之處。畢竟是同一家酒廠製造的東西，使用的蒸餾設備、原料種類大多都一樣，所以我認為垂直品飲、比較不同年份也挺有趣的。也因為單一麥芽威士忌經常會簡明標示用桶與調和的資訊，我們喝起來才有這種樂趣。

品嘗單一麥芽威士忌時，不妨發揮想像力，走進那支酒的背景，相信你喝起酒來也會更加享受。

「格蘭哥尼 10 年」與「格蘭哥尼 21 年」的年份差很多，風格走向也明顯不同。

「格蘭利威 12 年」使用了許多不同橡木桶的原酒，調和出了標準風味。

Column

新手必讀
調和麥芽威士忌
的推薦品項與解說

蘇格蘭禁用「純麥」一詞

調和麥芽威士忌即以多間酒廠的麥芽原酒調和而成的威士忌。調和麥芽威士忌與調和威士忌不同，原料是100%的發芽大麥，不含任何穀物威士忌。

「竹鶴純麥威士忌」是日本最具代表性的調和麥芽威士忌。很多人認為純麥（Pure Malt）這個字是日本發明的，其實不然。

以前「卡杜12年」單一麥芽威士忌紅極一時，甚至還出現原酒不足的狀況。當時卡杜決定購買其他酒廠的原酒回來自行調和，推出「卡杜12年純麥威士忌（Cardhu 12 Year Old - Pure Malt）」。然而該品項的瓶裝設計和原本的單一麥芽威士忌實在太相近，造成許多消費者混淆，所以後來他們也不再使用純麥這個字眼。

後來又出現另外一個意思一樣的詞叫「Vatted Malt」。不過這個詞也因為**容易造成誤會**而引發了一些爭議，因為「大多單一麥芽威士忌也是以多桶原酒調和（Vatting）而成」。現在蘇格蘭威士忌法規已經正式禁止酒標上使用這個詞了。不過，還是有不少1980年代上市的單一麥芽威士忌也會標示成單一純麥威士忌（Pure Malt Whisky），但用意似乎是想強調自己的產品只有使用發芽大麥製作。

「約翰走路綠牌 15 年」是歷久不衰的調和麥芽威士忌。

有哪些經典品項？

例如日果威士忌的「竹鶴純麥威士忌」、「Nikka Session 奏樂」；還有酒廠限定款「Nikka Pure Malt Red」、「Nikka Pure Malt Black」，兩者都是以宮城峽與余市的原酒調和而成，前者以宮城峽的原酒為主軸，後者則以余市的原酒為主軸。還有秩父蒸溜所的「秩父金葉水楢桶調和純麥威士忌」、「秩父綠葉雙桶調和純麥威士忌」、「秩父紅葉紅酒桶調和純麥威士忌」。長濱蒸溜所的「長濱威士忌」系列，也是在日本常見的調和麥芽威士忌。

至於蘇格蘭最知名的調和麥芽威士忌，莫過於「約翰走路綠牌15年」和「百齡罈12年純麥威士忌」了。其他還有一些獨立裝瓶品項，比方說像完全使用艾雷島麥芽原酒的「泥煤哥」，也有一些主打調和麥芽威士忌的獨立裝瓶廠，例如「威海指南針（COMPASS BOX）」。

300人投票 單一麥芽威士忌排行榜

第1名 三得利白州 [722票]

觀眾評論

- 白州有一種青蘋果感、清涼感跟森林感，可以撫慰疲憊的身心。我也覺得這是最貼近日本威士忌原本精神的一支威士忌。
- 我是白州的重度愛好者，它有清爽的青蘋果風味，我常常加冰或調成Highball喝。我覺得這支最適合讓平常沒喝威士忌的人喝喝看，讓他們品嘗一下好喝的威士忌是什麼樣子。
- 白州Highball有一種獨一無二的味道，它的清爽風味完全不是其它日本威士忌或蘇格蘭威士忌比得上的，怪不得常常有人形容白州Highball是「有森林香的Highball」。
- 白州調成Highball後，搭配鰻魚、玉子燒、馬鈴薯燉肉等味道淡雅的和食，簡直是至高無上的享受。

DATA
43%／700ml／
白州蒸溜所／三得利

老闆短評！
白州果然是很多人的心頭好！也不負眾望奪下第 1 名的寶座。它是以波本桶原酒作為風味主軸，無論什麼喝法都有很多人喜歡。這幾年白州推出了小瓶裝版，我想很多人也是因為這樣才接觸到了這支酒。

第2名 雅柏10年 [536票]

觀眾評論

- 這是一支泥煤風味強勁、尾韻甘甜的好酒，怪不得全球有這麼多雅柏的信徒。雅柏雖然個性剛烈，但風味依然很平衡，讓人一喝就為之傾倒。
- 雅柏在所有艾雷島威士忌裡面也是泥煤味特別重的牌子，但喝起來又很甘甜，所以無論純飲還是調成Highball都能輕鬆享受它的風味。而且它的煙燻氣息搭配醋醃鯖魚之類的醋醃海鮮也意外合適。
- 對我來說，這支酒與其形容成泥煤味，更接近煙燻味一點。這種強勁的煙燻味撲鼻而來，辛辣的酒液衝擊味蕾，最後則在嘴裡留下一股果香與甜美的氣味；而且那股煙燻氣味好幾分鐘都不會從口鼻中散去。

DATA
46%／700ml／
Ardbeg Distillery／MHD 酩悅軒尼詩帝亞吉歐

老闆短評！
「雅柏」的代表當屬 10 年這支。它是品牌的基本酒款，以至少熟陳 10 年的波本桶原酒勾兌而成，全球各地都有它的狂熱支持者（笑）。「Ardbegian」一詞就是專門形容這些熱愛雅柏的人。

※問卷設定之條件為：現行通路供應之品項、價格低於10000日圓、不包含獨立裝瓶廠品牌。

第5名 拉弗格10年
[402票]

觀眾評論

- 我超喜歡拉弗格，喜歡到希望明天開始我家水龍頭一打開就是「拉弗格」。
- 我喝這支酒時總會想「太滿足了，接下來應該有好幾天都不用再喝了吧」，結果才過2～3天又忍不住想著下一支來喝拉弗格吧。
- 如果我只能選3支酒帶到無人島……我會帶3支拉弗格10年過去。

DATA
43%／750ml／
Laphroaig Distillery／
三得利

老闆短評！
拉弗格 10 年也是目前我店裡特別多人點的單一麥芽威士忌。

第3名 三得利山崎
[446票]

觀眾評論

- 兌水後，光是將杯子拿到嘴邊，整個人就幸福了起來。
- 如果要我舉出一個日本單一麥芽威士忌的代表，我肯定會選山崎。雖然現在山崎的價格一天比一天高，但只要我幸運碰到，還是會趕快買一支下來。
- 它多汁的麥芽感帶著明顯的甜味，酒體也很厚重，不過調成水割的話就能與和食完美搭配。

DATA
43%／700ml／
山崎蒸溜所／三得利

老闆短評！
山崎的特別之處，在於它包含了水楢桶原酒和紅酒桶原酒。

第6名 余市單一麥芽威士忌
[376票]

觀眾評論

- 現在全世界已經很少看到酒廠還維持傳統的煤炭直火蒸餾法了，所以能喝到這種威士忌真的很難得。余市微微的煙燻味、水果香也有漂亮的平衡。
- 無論用什麼方式喝，都不會抹煞掉余市的特色。
- 才剛開始接觸威士忌，也沒喝過多少單一麥芽威士忌，不過我覺得白州和余市的味道都很清爽，很好喝。

DATA
45%／700ml／
余市蒸溜所／朝日啤酒

老闆短評！
酒體扎實而且泥煤味鮮明，喝起來又富含著果香味。

第4名 泰斯卡10年
[426票]

觀眾評論

- 我喜歡它與艾雷島截然不同的泥煤香及海洋氣味，和恰到好處的甘甜口感。
- 鹹香的滋味中帶點甜甜水果味，喝起來非常舒服。雖然本身風格很強烈，但背後藏著一股細膩的甘甜很迷人。
- 海潮的香氣與甘甜、煙燻味之間的平衡無話可說，而且它調成Highball實在好喝的沒話說，是我會想常備在家裡的一支酒。

DATA
45.8%／700ml／
Talisker Distillery／
MHD 酩悅軒尼詩帝亞吉歐

老闆短評！
泰斯卡的海潮香與煙燻味都很有自己的特色，因此一旦喜歡上這種味道，恐怕會無法自拔。

第9名 愛倫10年
[276票]

觀眾評論

- 這支酒的風味基調是來自波本桶的柑橘調，但也有微微雪莉酒桶的糖煮水果感，以4000日圓的價位來說CP值非常高。無論純飲還是調成Highball都好喝。
- 在我心中，愛倫是款純飲就很好喝的蘇格蘭威士忌。更棒的是它的CP值又很高，到附近的連鎖酒專買只要4000日圓！

DATA
46%／700ml／
Arran Distillery／
Whisk-e Ltd

老闆短評！
這支酒曾經搶手到一度差點沒貨，其中有一大部分的原因在於它吸睛的瓶身設計。

第7名 樂加維林16年
[374票]

觀眾評論

- 我很享受這支酒複雜的風味在嘴中一變再變。而且有趣的是，自己當天的身體狀況也會影響味覺感受。沒想到這風味這麼奢華的威士忌，竟然花不到1萬日圓就可以買到！
- 樂加維林的特色和其他艾雷島威士忌明顯不同，我偏好用完餐後慢慢純飲享受。
- 樂加維林16年實在棒得無話可說。

DATA
43%／700ml／
Lagavulin Distillery／
MHD 酩悅軒尼詩帝亞吉歐

老闆短評！
樂加維林 16 年的風味相當符合其「艾雷島巨人」的外號，是很沉穩的艾雷島麥芽威士忌。

第10名 格蘭菲迪12年
[256票]

觀眾評論

- 它的風味和價位都很適合推薦給剛開始喝威士忌的人嘗試，而這也是我自己特別喜歡的一支。
- 這是一支擁有正統蘇格蘭威士忌香氣、味道，是風味平衡和CP值都很高的酒。
- 花3000日圓左右就能買到熟陳12年的威士忌，如此親民的價格加上其華麗的風味、西洋梨般的果香，這對我個人來說簡直就是最棒的一支酒。

DATA
40%／700ml／
Glenfiddich Distillery
／三得利

老闆短評！
格蘭菲迪是全世界賣最好的單一麥芽威士忌，喝起來順口又溫柔。

第8名 波摩12年
[354票]

觀眾評論

- 我就是從波摩進入艾雷島威士忌的世界。這支已經成為我家的常備款，還在避難背包裡面也放了一支（笑）。
- 香氣、味道、泥煤感、CP值，無論從哪個角度看，波摩12年都是平衡感絕佳的一支酒！
- 這是別人介紹我喝的第一支艾雷島威士忌，我一喝就被它那像在喝營火的煙燻味震撼到了。

DATA
40%／700ml／
Bowmore Distillery／
三得利

老闆短評！
波摩 12 年也是作為艾雷島麥芽威士忌的代表之一，具有淡麗的煙燻味和高雅的果香。

第21名 **布萊迪經典萊迪威士忌** [115 票]

我喜歡它的深度，讓人了解到艾雷島威士忌的好不是只有泥煤味。／這支酒溫和的味道和調成Highball時出現的清新青蘋果風味令人欲罷不能。

第22名 **卡爾里拉 12 年** [114 票]

這支酒就像一名壯碩的海上男兒，擁有直接了當的煙燻味，還帶有一股莫名的鹹香。／綜觀價格、味道、好買程度，各方條件相當均衡。

第23名 **宮城峽單一麥芽威士忌** [110 票]

這支酒調Highball的時候，有種加了蘋果汁似的鮮爽滋味，令人驚豔。／宮城峽真的很好喝，非常推薦純飲。

第24名 **布萊迪波夏 10 年** [106 票]

藏在煙燻風味背後的濃厚甜美滋味令人聯想到蜂蜜，這一點特別有魅力。／高雅而沉穩，我會想推薦給千千萬萬的人。

第25名 **格蘭利威 18 年** [104 票]

甜美、濃郁且充滿果香，但又能感到一絲澀感與辛香料的氣味。／在所有18年的威士忌裡這支CP值最高。完全不需要另外調配，純飲就已經完美。

第26名 **齊侯門 馬齊爾灣** [92 票]

艾雷島獨特的泥煤香與年輕原酒的個性之間取得了平衡，喝起來不至於太輕，但也不會太重。／這是我會想好好喝上一輩子的酒。

第27名 **齊克倫 12 年** [89 票]

我覺得這是5000日圓左右的價位所能買到完整度最高的一支威士忌。／任何威迷在探索自己喜好的路上一定會碰到這一支威士忌。

第28名 **格蘭花格 12 年** [86 票]

不只能喝到雪莉桶的清爽風味，價格又很親民。／這是我一定會常備的一支酒，它的風味平衡相當地漂亮。

第29名 **艾樂奇 12 年** [80 票]

入口瞬間我就被它濃密的甜美風味驚艷到了。／雖然我開始喝單一麥芽威士忌才1年半，但我目前喝到的酒裡面，艾樂奇12年是最讓我震撼的一支。

第30名 **大摩 12 年** [72 票]

一句話：「大人喝的酒」。喝這支酒的時候，整個人的姿勢也會不知不覺優雅起來（笑）。／這支酒很順口，又能喝到類似果乾的甜美滋味。

第11名 **格蘭利威 12 年** [252 票]

格蘭利威12年Highball無論喝幾杯我都能大口大口喝下肚。／這是我第一次接觸的單一麥芽威士忌，現在我還是覺得好喝。

第12名 **格蘭多納 12 年** [244 票]

這支既喝得到甜，也喝得到酸、澀，我第一次喝到的時候就打從心裡覺得它很厲害。／我很喜歡這支酒優雅的甜味與香氣，而且又沒有討厭的雜味。

第13名 **格蘭傑 10 年經典** [224票]

喝起來很順，而且無論是純飲，還是加冰還是調成Highball都好喝！／這支酒是我的最愛，它清新又舒服的甜感實在令人感動。

第14名 **麥卡倫雪莉桶 12 年** [220 票]

對喜歡雪莉桶風味的人來說，這一支應該是封頂的存在了。無論純飲還是加冰都喝得到它高雅的風味。／喝來喝去我還是最愛這支。

第15名 **克里尼基 14 年** [206 票]

這支酒喝起來甜美，酒體卻很輕盈，平衡拿捏得非常好。它是我調Highball的首選。／我第一次喝的時候因爲覺得太好喝，還下意識出聲讚嘆（笑）。

第16名 **愛倫雪莉桶原酒** [182 票]

我覺得愛倫很懂得用雪莉桶。／風味強勁，但還是能清楚感受到雪莉桶帶來的濃郁甜味。

第17名 **雅柏烏嘎爹** [176 票]

厚重泥煤中還能喝出甜，堪稱雪莉桶風味＆煙燻味最高峰。稍微加水稀釋更能釋放他的厲害。／麥芽原酒的甜味與泥煤香之間達到了非常絕妙的平衡。

第18名 **雲頂 10 年** [172 票]

它的香氣簡直像一瓶香水，以好的意思來說，這完全背叛了我的期待。這支酒有股令人聯想到海風的獨特滋味。／雲頂不管哪一支都好喝。

第19名 **高原騎士 12 年（Viking Honour）** [154 票]

這支威士忌很教人傷腦筋，每次都讓人忍不住選它，害我買其他威士忌的機會一延再延（笑）。／那種令人聯想到蘑菇的甘甜氣味令人愛不釋手。

第20名 **格蘭花格 105 原酒** [128 票]

我認爲這是我目前喝過調Highball最好喝的一支威士忌。／這支酒怎麼喝都好喝，但我覺得一定得試試純飲（加點水）。

新手入門

美國威士忌 基礎知識全面一把抓

波本威士忌的定義

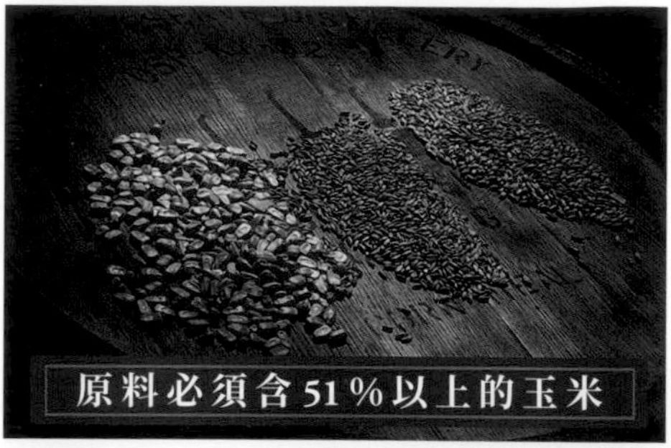
原料必須含51％以上的玉米

波本威士忌最重要的定義，就是玉米必須要占所有使用原料的51%以上。而如此大量的玉米造就了波本威士忌獨特的風味。

必須用內側燒烤至碳化的全新橡木桶熟陳

波本威士忌必須使用全新的橡木桶熟陳，而且木桶的內部必須「燒烤（char)」至碳化，如此方能賦予酒體香草莢一般的獨特香氣，同時也能吸收掉原酒裡面一些不討喜的風味分子。

其他定義

其他《聯邦法規彙編》之中明示的定義如下：
- 必須於美利堅合眾國境內製造
- 蒸餾後最高酒精度不得超過 80%
- 入桶熟陳前的酒精濃度不得超過 62.5%
- 裝瓶時的酒精濃度必須高於 40%

波本可謂美國威士忌的代表

美國威士忌，泛指任何美國生產的威士忌。由於威士忌屬於蒸餾酒，所以基本上一定是有蒸餾器的酒廠才能生產，而據說全美共有多達兩千間蒸餾廠，各州都至少有一間。

美國威士忌底下還細分成很多類別，其中最知名的莫過於「波本威士忌（Bourbon）」。波本威士忌最重要的定義有二：①原料必須含51%以上的玉米、②必須使用內側燒烤至碳化的全新橡木桶熟陳。首先只要記住這兩大重點就夠了。

蘇格蘭威士忌和日本威士忌在熟

穀物配方（mash bill）

「渥福」的穀物配方為72%玉米、18%裸麥、10%大麥。

「美格」的穀物配方為70%玉米、16%軟紅冬小麥、14%大麥。

比較以上兩者的穀物配方，便能發現最大的差異在於「美格」使用軟紅冬小麥而非裸麥，而這或許正是「美格」為何擁有與眾不同的甜美滋味。

陳時，習慣使用曾經熟陳過波本威士忌或雪莉酒的舊橡木桶。然而波本威士忌規定上必須使用全新的橡木桶進行熟陳；只要牢記這一點，要了解波本威士忌就容易多了。

接著是原料。波本威士忌的原料必須為51%以上的玉米搭配其他穀物，其他穀物可以是裸麥、大麥、小麥等等。這些原料的構成比例，在美國威士忌業界稱作「mash bill（穀物配方）」。有些酒廠或廠牌會公開自家產品的穀物配方，我們也可以根據這項資訊挑選符合自己喜好的威士忌。

但當然，威士忌的味道並不全靠穀物配方決定，蒸餾方式、發酵過程、熟陳策略各個環節都會影響到最後呈現的風味；所以即使穀物配方相同的兩款酒，味道也不見得一樣。另外，很多人誤以為波本威士忌一定得在肯塔基州製造，但其實只要符合法規，美國任何一處生產的威士忌都能稱作波本威士忌。順帶一提，肯塔基州生產的波本威士忌酒標上常常會標示「Kentucky Bourbon（肯塔基波本）」。不過波本威士忌有九成以上都出自肯塔基州，因此就算大眾會有這種誤會也無可厚非。

也有威士忌用了4種穀物

有些威士忌會用上玉米、裸麥、小麥、大麥4種穀物作為原料，例如「渥福 Four Grain」，名字就直接告訴你它用了4種穀物（Grain）。另一款同樣用了4種穀物的知名威士忌則是「Union Horse Rolling Standard Four Grain Whiskey」。

熟成速度飛快

美國有些酒廠的橡木桶會堆到 30 層那麼高，而且上層的原酒與下層的原酒蒸發速度也不同，最上層每年約會減少 8 ～ 10%、最下層則每年減少 2 ～ 3%。

一間酒廠可能生產多種品牌

談到熟陳年數，其實波本威士忌並無法定最低熟陳年限，所以就算只熟陳一個月、一個禮拜、甚至30秒，都可以標榜波本威士忌裝瓶上市；不過實際上並沒有酒廠這麼做。至於橡木桶，法規也只說要用全新的橡木桶，所以不使用美國製作的橡木桶也無所謂。即便使用其他國家的橡木桶，只要是全新且內側燒烤至碳化，一樣符合波本威士忌的法規。

全球賣最好的波本威士忌是「金賓」，但賣最好的美國威士忌則是「傑克丹尼爾」。「傑克丹尼爾」不是波本威士忌，而是「田納西威士忌」。不過其實兩者製程差異不大，美國《聯邦法規彙編》中也將田納西威士忌歸類為波本威士忌底下的小分支。

接著我們談談波本威士忌的酒廠。

田納西威士忌

楓糖木

田納西威士忌和波本威士忌之間有 2 項差異。第一，它是在田納西州製造。第二，它在入桶熟陳前會先使用楓糖木炭過濾一次。因為多了這一道過濾工序，讓田納西威士忌的酒體更加溫順，而這或許正是「傑克丹尼爾」風靡全球的秘密。

如左圖所示，很多酒廠自己就會生產多款品牌的產品。

當然也有酒廠只生產一個品牌的產品，像是「美格」、「野火雞」、「傑克丹尼爾」、「四玫瑰」。

各位不妨查一查資料，列出自己喜歡的波本威士忌出自哪間酒廠，搞不好你會發現自己特別偏好某一間酒廠出產的產品。

美國威士忌五花八門的分類

美國威士忌除了波本威士忌、田納西威士忌，其實還有很多不一樣的類別。美國威士忌主要是依原物料、製程進行分類，比如以裸麥為主要原料的「裸麥威士忌」、以小麥為主要原料的「小麥威士忌」、以大麥為主要原料的「麥芽威士忌」、以玉米為主要原料的「玉米威士忌」。

基本上它叫什麼威士忌，就代表那個原料占整體原料的51%以上，並且放入內側燒烤至焦黑的橡木桶內熟陳。不過玉米威士忌為了與波本威士忌區別，定義比較不一樣，原料必須含80%以上的玉米，並且放入舊桶或未燒烤的全新橡木桶內熟陳。

最近也開始出現一些使用藜麥、黍等不同穀物製造的美國威士忌，甚至

同時生產多款波本威士忌的酒廠

金賓酒廠

除了「金賓」還有「Old Grand-Dad」、「Old Crow」、「原品博士（Booker's）」、「貝克（Bakers）」、「留名溪（Knob Creek）」。金賓酒廠為三得利所有。

野牛仙蹤酒廠

除了「野牛仙蹤」，還有「飛鷹（Eagle Rare）」、「史塔奇（George T. Stagg）」、「E.H. 泰勒上校（E.H. Taylor）」、「賽澤瑞克（Sazerac）」。

海悅酒廠

除了「海悅（Heaven Hill）」，還有「伊凡威廉（Evan Williams）」、「Fighting Cock」以及「錢櫃（Elijah Craig）」。海悅酒廠是全美產量最高的單一酒廠。

還有所謂美國調和威士忌（American Blended Whisky），這是一種以其他類型的威士忌或中性烈酒，調入至少占整體分量20%的純威士忌(Straight Whisky)*而成的酒類。「Seagram's 7 Crown」就是其中一個知名牌子，很多人很喜歡加入薑汁汽水或啤酒一起喝。

除此之外，還有一種調和波本威士忌（Blended Bourbon Whisky），是以不小於整體51%的純波本威士忌（Straight Bourbon Whisky）調和其他類型的威士忌，或是中性烈酒而成的酒類。

調味威士忌（Flavored Whisky）則是在威士忌中加入蜂蜜、紅茶或任何風味添加物的酒類。這種酒在美國很受歡迎，很多酒廠都競相推出不同的調味威士忌。

裸麥威士忌（Rye Whisky）

定義為①裸麥用量至少占總原料分量的51%、②需使用內側燒烤至碳化的全新橡木桶熟陳。「坦伯頓（Templeton）」、「布魯克（Ezra Brooks）」的裸麥用量高達總原料的90%以上，喝起來有明顯的乾香料風味。

小麥威士忌（Wheat Whisky）

定義為①小麥用量至少占總原料分量的51%、②需使用內側燒烤至碳化的全新橡木桶熟陳。代表品牌有「Topo」，不過目前日本市面上比較少見。

麥芽威士忌（Malt Whisky）

定義為①大麥用量至少占總原料分量的51%、②需使用內側燒烤至碳化的全新橡木桶熟陳。美國的麥芽威士忌定義與蘇格蘭不同，蘇格蘭麥芽威士忌的原料必須為100%發芽大麥（麥芽）。

玉米威士忌（Corn Whisky）

定義為①玉米用量至少占總原料分量的80%、②需使用舊桶或內側無燒烤的全新橡木桶熟陳。知名品牌如熟陳30天即裝瓶出貨的「Georgia Moon Corn Whiskey」、熟陳超過2年的「Mellow Corn」。

美國單一麥芽威士忌？

其實美國也有很多酒廠仿效蘇格蘭單一麥芽威士忌的製程，製作屬於美國的單一麥芽威士忌。例如西陸酒廠（Westland Distillery）使用一種珍貴白橡木，其名為「Quercus Garryana」製作熟陳用的木桶；「Colkegan 單一麥芽威士忌」則是用牧豆樹的木屑來燻製麥芽，造就了獨一無二的風味。

＊譯註：根據美國《飲用酒精手冊》（The Beverage Alcohol Manual，BAM），純威士忌（Straight whisky）之定義為「穀物占所有原料51%以上，且於全新燒烤橡木桶中熟陳至少2年的威士忌。抑或是調和2種以上在相同州內生產之純威士忌者。」

建議記住的幾個波本威士忌術語

接下來說明幾個波本威士忌常用的術語。

首先是「straight（純）」。若該波本威士忌於橡木桶中陳放過2年以上，即可在酒標上標示該字樣。但這並不代表標示straight的波本威士忌都是熟陳2年的酒，只是意味著至少熟陳了2年以上。比方說「野火雞8年」就是熟陳了8年的純波本威士忌(Straight Bourbon Whisky)。

接下來是「Single Barrel（單桶）」，代表瓶中酒液全部都來自單一個橡木桶，意思等同於蘇格蘭威士忌的「Single Cask（單桶）」。另外有一個術語叫「Small Batch（小批次）」，意思是使用少數精選桶原酒調和而成的產品。有時波本威士忌為了表示自己的製程符合嚴格條件，還會在酒標上寫「Bottled in bond（保稅）」。

最後我們來談談美國威士忌與蘇格蘭穀物威士忌的差異。蘇格蘭穀物威士忌的生產限制不像波本那樣多，使用的木桶、原料都很自由，有時候也會用小麥來製作。不過站在蘇格蘭的角度來看，波本威士忌也可以稱作一種穀物威士忌。

美國威士忌的價格普遍較蘇格蘭威士忌低，所以我們也比較容易多嘗試一些不一樣的品牌，歡迎各位多多挑戰。

單桶（Single Barrel）

代表瓶中酒液全部來自單一個橡木桶。每一個橡木桶內的酒液風味都有些微的差異。酒標上有時會註記橡木桶的編號。

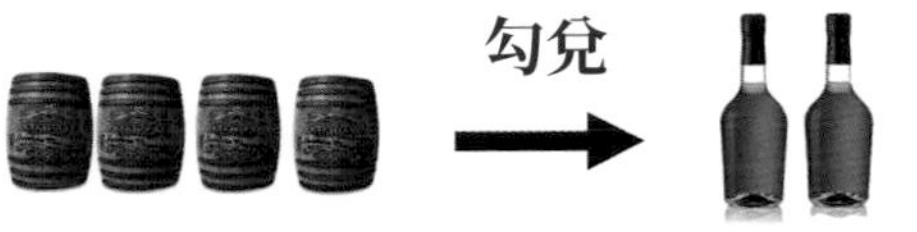

小批次（Small Batch）

代表是以精選少數桶原酒勾兌而成的產品，所以產量勢必很少，其中也不乏一些高價的限定版波本威士忌。

保稅（Bottled in bond／bonded）

美國定義的純威士忌中又符合以下條件者即可標註此字眼：①熟陳4年以上、②裝瓶時酒精濃度於50%以上、③單一酒廠於某一年的某一季節所蒸餾的原酒、④橡木桶在政府管理下的保稅倉庫中陳放。知名例子如「傑克丹尼爾 Bottled-in-Bond」。

新手必讀

1000人投票 波本威士忌排行榜

第1名 美格 [192票]

觀眾評論

- 我就是從美格開始掉入威海的。
- 美格的魅力就在於怎麼喝都好喝，純飲可以享受到它的甜美，加冰再喝味道也很平衡。無論是調成一般的Highball或最後再噴上一點柳橙皮油後丟進杯子裡，都能感受到它溫和的甘甜。
- 我剛開始喝威士忌時想說也喝喝看波本威士忌，我看美格的瓶子很有特色所以買來試試，結果一喝驚為天人，也讓我開始想嘗試更多不同的波本威士忌，而不是只喝蘇格蘭威士忌。
- 我喝過很多波本威士忌，但覺得好喝的就只有美格！

DATA
45%／700ml／
Maker's Mark Distillery／三得利

老闆短評！
美格的特色在於原料使用軟紅冬小麥取代常見的裸麥，因此它跟其他品牌比起來，口感特別圓潤、順口，風味也特別甘甜。此外還可以喝到熟成的韻味，就算調成 Highball 也不會丟失其特色。

第2名 野火雞8年 [173票]

觀眾評論

- 這是我從讀書時喝到現在的愛酒。野火雞怎麼喝都好喝，品牌本身又有名，很適合三五好友聚會時一起喝。
- 它除了甜，還喝得到辛香料風味。酒精濃度雖高，卻是非常順口的一支酒。
- 我認為它的魅力，就是那剛烈強勁的酒體與暴力的香草風味。
- 加水或加冰後，酒裡的焦糖、香草、巧克力風味會瞬間打開，適合想好好放鬆的漫漫長夜或假日時喝。慢慢喝，再配一點堅果或肉乾，那就是最頂級的享受了。
- 我也喝過13年款，但還是最喜歡8年這一支。我很喜歡它的辛香料調性。

DATA
50.5%／700ml／
Wild Turkey Distillery／
CT Spirits Japan

老闆短評！
野火雞 8 年是只有日本買得到的限定商品，酒精濃度高達 50.5%，酒體相當濃郁且強烈，一直以來就有許多人愛喝。野火雞的產品線很豐富，推薦大家比較品飲其他款式。

※問卷設定之條件為：①現行通路供應之品項、②僅限波本威士忌（不包含田納西威士忌和其他美國威士忌）。

第5名 Old Grand-Dad 114 [88票]

觀眾評論

- 它的魅力在於酒精濃度雖然很高，口感卻飽滿得讓人感覺不出酒精刺激感。
- CP值不得了。若純飲來說對喝習慣威士忌的人來說比較友善，新手的話可以先嘗試兌水或調成Highball。
- 考量到它這麼強壯飽滿的酒體和各種條件，我覺得這樣的價格已經很便宜了。
- 唯一的缺點大概就是它只能上網才買得到吧。

DATA
57%／750ml／Beam Suntory／參考品

老闆短評！
有股類似胡椒的辛辣口感，酒精濃度雖高，但相對地也濃縮了許多美味成分。

第6名 巴頓 [86票]

觀眾評論

- 這是我最喜歡的波本威士忌。我當初是看它瓶子很漂亮才買的，沒想到這麼好喝，令人大吃一驚。
- 我喝第一口就被它強勁的酒體震撼到了。我自己每次聽硬搖滾的時候，都會想配著它喝。
- 第一次喝到這支酒的時候非常驚訝，味道既深沉、濃郁又飽滿，目前我還沒遇到讓我更驚訝的酒。

DATA
46.5%／750ml／Blanton Distilling Company／寶酒造

老闆短評！
這支波本威士忌僅以單桶形式推出，其香醇又濃郁的滋味棒極了。

第3名 原品博士 [105票]

觀眾評論

- 我認為這支波本威士忌完美得無話可說。它凝鍊至極的品質令人驚艷，完全挑不出任何缺點。
- 這是我最愛的一支威士忌。我喝到的時候好感動，世上怎麼會有這麼好喝的酒？
- 一開始我還有點害怕它的酒精濃度，但根本感覺不出它有這麼濃。

DATA
63.7%／750ml／Beam Suntory／三得利

老闆短評！
原本是金賓第 6 代傳人布克・諾（Booker Noe）為了在金賓家族派對上請大家喝而製造的波本威士忌。

第4名 I.W Harper金牌 [99票]

觀眾評論

- 威士忌新手如我，覺得這一支最好喝。我覺得它是很平均水準的波本，不好也不壞。
- 風格平易近人，只取波本美味的部分，怎麼也喝不膩。
- Harper Soda就是好喝，沒有奇怪的味道又甘甜，無論多少我都喝得下去。

DATA
40%／700ml／I.W Harper Distilling Company／日本帝亞吉歐

老闆短評！
這支算是平順易飲，加氣泡水調成的「Harper Soda」也一直都很受到歡迎。

第9名 渥福 [77票]

觀眾評論

- 純飲、加冰都好喝，即使加氣泡水還是可以確實保留它的甜味與香氣。
- 渥福高雅的香氣與味道，可提升夜晚小酌時光的格調。
- 焦糖般的甜味與木質調香氣都很優雅，無話可說。這是一支蘇威愛好者也會喜歡的波本威士忌。

DATA
43%／750ml／Brown-Forman／朝日啤酒

老闆短評！
渥福的甜味優雅、風格親民且口感柔順，這幾年來人氣高漲。

第7名 野牛仙蹤 [82票]

觀眾評論

- 香草味偏重。雖然它價格不高，但味道絕對不輸給其他高價威士忌。
- 光看酒標和名字根本無法想像它喝起來這麼柔順。我非常喜歡它的甜味、香氣、尾韻，很遺憾現在很少地方在賣了。
- 我是看CROSSROAD LAB認識了這支酒，買回來一喝才發現它很有層次。現在它已經是我的最愛了。

DATA
45%／750ml／Buffalo Trace Distillery／國分

老闆短評！
看名字可能會以為這支酒非常兇猛，但其實它風味相當溫柔，酒精濃度也不高。

第10名 金賓 [69票]

觀眾評論

- 我在家幾乎天天喝，所以習慣買業務用的4L瓶裝。
- 雖然價位拉高一點會有比較好喝的威士忌，但這個價位、這種粗野的波本感對新手來說也很剛好，而且這也是我自己常常用到的低成本基酒。
- 雖然它的味道就很符合它的價位，不過調成濃一點的Highball還是很好喝。

DATA
40%／700ml／Beam Suntory／三得利

老闆短評！
金賓是世界賣最好、也是日本賣最好的波本威士忌。

第8名 I.W Harper 12年 [81票]

觀眾評論

- 它比金牌多了一股熟成感，雖然酒精濃度有43%，但很順口。而且它的玉米比例很高，所以味道也很甜。大概5000日圓左右就買得到了，且它不是軟木塞瓶蓋，保存也很方便。
- 我年輕時曾經為了耍帥，花了大錢點了這杯12年，結果實在太好喝，害我完全迷上了這支酒。它很順口，對新手來說應該也很易飲。

DATA
43%／750ml／I.W Harper Distilling Company／日本帝亞吉歐

老闆短評！
有一股獨特的韻味、甜味，口感也很滑順。它的特徵之一就是原料中玉米的比例特別高。

第21名 **伊凡威廉 12 年**
[39 票]
非常喜歡它濃郁的風味和香草的香氣。／我熱愛它強烈的水果香氣，簡直像真的加了水果一樣。

第22名 **飛鷹 10 年**
[37 票]
風味平衡佳，很適合做成調酒，不會出現什麼討厭的味道。／簡單來說就是順口。我會推薦給剛開始嘗試波本威士忌的朋友喝。

第23名 **野火雞 Standard**
[34 票]
價格實惠，不過一點也不野的火雞。我喜歡這款是因為它喝起來比8年還要柔順。／雖然酒感力道不強，不過這正好很適合吃飯時配著喝。

第24名 **諾亞工坊波本威士忌**
[32 票]
這是一支濃縮了許多風味的波本威士忌，口感又溫順，喝不出它酒精濃度有那麼高。／這支酒順口，又有類似水果的豐富滋味，香氣非常舒服。

第25名 **貝克 7 年波本威士忌**
[29 票]
這是我特別喜歡的一支，因為它純飲就很好喝。／這支波本口感比較刺激，我覺得用它來調Highball最好喝。

第26名 **四玫瑰單桶**
[28 票]
包含香氣在內，它所有特色都格外鮮明，尤其那舒服的香氣令人印象深刻。／尾韻帶著一股薄荷似的清爽草本氣息，喝過就回不去了。

第27名 **金賓魔鬼珍藏**
[24 票]
我在一心追尋美味Highball的路上，最後抵達了這支酒。／這支酒既濃郁又好喝！是居家小酌的高CP首選。

第28名 **渥福精醇雙桶**
[23 票]
這支酒的「木」香非常驚人，我一開始還有點疑惑，但後來一試成主顧。／調成Highball還是能明確喝到這支酒本身的特色。

第29名 **史塔奇 jr.**
[20 票]
美味得令人心跳漏一拍。但價錢也貴得令人心跳漏一拍就是了（笑）。／我迷上了它甜美濃郁而刺激的味道。

第30名 **時代波本威士忌 棕標（Early Times Brown Label）**
[19 票]
這支酒是低價位波本中熟成風味最不刺激的一支，整體口感飽滿且順口，非常適合新手喝。而且CP值也很高。

第11名 **四玫瑰波本威士忌**
[67 票]
有次純飲突然感受到它華麗又帶點水果的香氣，之後我就成為它的俘虜了。／我從以前就很常喝了，也喜歡它的瓶身設計。

第12名 **錢櫃小批次波本威士忌**
[65 票]
溫和的風格和香草、巧克力的甜美香氣都很對我的胃口。／風味濃郁、香氣又高雅。而且我覺得它甜味與桶味的平衡非常優異。

第13名 **美國野火雞尊釀原酒威士忌**
[62 票]
這是我最喜歡的波本威士忌。它狂野得恰到好處，又不失野火雞的風格。／加冰再加點水喝，風味會達到最高潮。

第14名 **時代波本威士忌 黃標（Early Times Yellow Label）**
[57 票]
口感偏甜但風味很平衡，喝不膩的好滋味。／這是我第一次喝到的波本，所以對我來說這就是波本威士忌的基準。它便宜又好喝，而且到處都買得到。

第15名 **美格 46**
[49 票]
比起標準的「美格」更加圓潤，香氣更加高雅，味道也更加飽滿。／我深怕自己未來再也找不到比這還要好喝的威士忌了。

第16名 **野火雞 13 年**
[46 票]
這支酒讓我愛上了波本，連我這個外行人都能喝出它的桶味、甜度、辛香料調性。／13年的酒體沒有8年那麼強烈，更加柔軟順口一些。

第16名 **Fighting Cock**
[46 票]
純飲可能會覺得太粗野，不過加冰後就會凸顯出它的甘甜。／純飲和調成Highball喝起來的感覺差超多，令人驚訝。

第18名 **四玫瑰黑標（Four Roses Black Label）**
[45 票]
這支酒很好買，我特別喜歡它明顯的楓糖味和華麗的香氣。／它的風味很奢華，雖然價格不高，卻讓人有種「自己在喝優質波本威士忌」的感覺。

第19名 **四玫瑰白金（Four Roses Platinum）**
[42 票]
這支酒口感柔順、甘甜、香醇，推薦害怕喝波本威士忌的人嘗試看看。／我其實不太敢喝波本威士忌，但這支波本我超愛。

第20名 **留名溪**
[40 票]
這支酒喝起來不會太甜，喝多了也不會覺得累。不過它扎實的酒體還是很有波本風範。／留名溪的風味非常濃郁且強勁，CP值也很高。

10款

你聽過這些威士忌嗎？你可能不知道的10款世界知名威士忌

台灣「噶瑪蘭」驚人的得獎經歷

世界各地都有地方在生產威士忌，以下我想介紹十支曾在東京威士忌與烈酒大賽（Tokyo Whisky & Spirits Competition，TWSC）得獎的其他國家威士忌。TWSC是日本唯一的酒類競賽，共邀請超過兩百名評審盲品參賽的威士忌與其他烈酒。另外，我也想介紹世界五大威士忌之一的愛爾蘭威士忌，因為我想還是有很多讀者並不熟悉愛爾蘭威士忌。

先介紹來自台灣的「噶瑪蘭」。噶瑪蘭酒廠的單一麥芽威士忌在世界各大烈酒競賽中獲獎無數，早已是全球矚目的酒廠。噶瑪蘭推出了很多優質威士忌，他們每年派出來參加TWSC的品項也總會抱走幾個獎項。其中「噶瑪蘭經典獨奏Vinho葡萄酒桶威士忌原酒」更是榮獲了TWSC2020最高獎項的金賞肯定。

愛爾蘭是接下來值得關注的產地

接著是愛爾蘭單一麥芽威士忌「康尼馬拉（Connemara）」。這是由庫里酒廠（Cooley）生產的煙燻味單一麥芽威士忌；庫里酒廠為三得利集團所有，所以我想對日本人來說，這支應該算是超市裡常見的威士忌。

一般來說，愛爾蘭威士忌的主要特色在於無泥煤、三次蒸餾，不過「康尼馬拉」卻採用泥煤烘乾麥芽、二次蒸餾，造就了愛爾蘭威士忌中少見的重泥煤風格。

第三支一樣是愛爾蘭單一麥芽威士忌，是在TWSC2021獲得銀賞的「蘭貝（Lambay）」。這是由法國知名干邑廠牌卡慕（Camus）於都柏林北邊一座小島——蘭貝島製作的威士忌，並使用卡慕自家的干邑桶後熟，也就是我們俗稱的「過白蘭地桶（Brandy Cask Finish）」。

下一款是「Dunville's 12年 PX桶（Dunville's PX Cask 12 Year Old）」。這支也是愛爾蘭威士忌。Echlinville

噶瑪蘭酒廠的產品都是單一麥芽威士忌。由於台灣地處亞熱帶，威士忌熟成速度比蘇格蘭快很多，短時間就能造就彷彿高年份的熟成感。（圖片由 Lead-off Japan 提供）

Cotswolds 酒廠現在依然採用傳統地板發麥工法，現在已經很少酒廠這麼做了。（圖片由 Scotch Malt 販賣提供）

「蘭貝單一麥芽威士忌」標榜它是由海風與卡慕培養而出、獨一無二的愛爾蘭威士忌。雖然他們並沒有自行蒸餾原酒，但蒸餾配方是由卡慕首席調和師所設計。（圖片由都光提供）

「康尼馬拉」調成 Highball 時有一股類似新鮮梨子泥的果香，和輕盈的煙燻味達到迷人的平衡。（圖片由三得利提供）

Echlinville酒廠推出的「Dunville's 12年PX桶」瓶身設計趣味十足，令人印象深刻。（參考品）

酒廠於2013年創立於北愛爾蘭，他們推出的單一麥芽威士忌旨在復刻19世紀的品牌。這款威士忌最後還過了味道極甜的PX（PedroXiménez）雪莉桶，所以還帶有濃郁的水果、巧克力一般的厚實滋味，評價非常高。

接著是「Clonakilty單一批次雙桶(Clonakilty Single Batch Double Oak Cask)」。Clonakilty於2018年設廠愛爾蘭科克郡（Cork），創辦人為當地經營農場八代的史考利（Scully）家族。他們用自家農地種植的大麥，製造頂級愛爾蘭純壺式蒸餾威士忌（預計2023年推出）。純壺式蒸餾威士忌（Single Pot Still Whiskey）的製程為愛爾蘭獨有，是將發芽的大麥（麥芽）和未發芽的大麥一起丟進銅製壺式蒸餾器蒸餾後入桶熟陳。

下一支介紹的「愛爾蘭人典藏特級(The Irishman Founder's Reserve)」也含有純壺式蒸餾威士忌。這支酒調

高岸酒廠之所以吸引這麼多目光，是因為創建該酒廠的核心人物之一為蒸餾大師約翰・麥克道格。他在威士忌產業待了超過 40 年，曾任百富、拉弗格、雲頂等知名酒廠的廠長，是蘇格蘭首屈一指的「威士忌專家」。（圖片由都光提供）

「Clonakilty 單一批次雙桶」調和威士忌以油脂感、強勁的穀物風味著稱。（圖片由 Koto 提供）

湖區酒廠位於英格蘭湖區（Lake District），產品除了「The Lakes The Whiskymaker's Reserve No. 3」，還有榮獲 TWSC 銅賞的「The One Signature Blended Whisky」。這支酒調和了湖區酒廠的麥芽原酒和蘇格蘭高地區、斯貝賽、艾雷島等地的精選原酒與穀物威士忌，概念正如同日本說的世界威士忌。（圖片由雄山提供）

湖區酒廠的常務董事：保羅・卡里（Paul Currie）是前起瓦士的兄弟集團（Chivas Brothers）常務董事哈洛德・卡里（Harold Currie）的兒子。哈洛德離開起瓦士後著手愛倫酒廠的創立，而當時保羅也參與其中。他或許在愛倫酒廠建立的過程中，從父親身上學到了一些經營酒廠的智慧。

世界級的威士忌評論家——吉姆・莫瑞（Jim Murray）在自己的著作《威士忌聖經》（Jim Murray's Whisky Bible）中，給了「愛爾蘭人典藏特級」高達 93 分的分數。（圖片由 Lead-off Japan 提供）

和了70%的單一麥芽原酒與30%的純壺式蒸餾原酒，是該酒廠創辦人伯納德・沃什(Bernard Walsh)的原創作品。他們的原酒都是使用單式蒸餾器進行三次蒸餾，並以波本桶熟陳。

接下來介紹的是都柏林威士忌公司(The Dublin Whiskey Company)的「The Dublin Liberties Oak Devil Whiskey」。這支酒使用熟陳5年以上的麥芽原酒與穀物原酒調和而成，最後過波本桶，非冷凝過濾裝瓶。

還有英格蘭威士忌和瑞典威士忌！

繼續介紹的是英格蘭「Cotswolds Founder's Choice Single Malt Whisky」。這間酒廠曾邀請世界知名烈酒顧問吉姆・斯旺(Jim Swan)博士指導，並於2014年開始生產威士忌，資歷尚淺。

2017年離世的吉姆博士生前擔任過無數酒廠的顧問，例如艾雷島的齊侯門酒廠、台灣的噶瑪蘭酒廠、印度的雅沐特酒廠。

Cotswolds 酒廠的目標是打造超越蘇格蘭的威士忌，所以堅持100%使用在地產大麥，甚至還採取傳統的「地板發麥(Floor Malting)」。他們相當重視風土，推出的威士忌也獲得了無數國際獎項。

接下來同樣是英格蘭的「The Lakes The Whiskymaker's Reserve No. 3」。湖區酒廠(The Lakes Distillery)建立於2014年，而這支酒使用頂級PX、Oloroso 以及 Cream 三種雪莉桶原酒，與頂級紅酒桶熟陳原酒進行勾兌。

最後介紹一支來自瑞典的「高岸單一麥芽威士忌堤摩(High Coast Timmer)」。這支酒帶煙燻味，又有香草般的飽滿香甜。高岸的前身為「BOX 瑞典盒子」酒廠，2018年正式更名為「高岸」。這間酒廠2010年就已經成立，因蒸餾大師約翰・麥克道格(John MacDougall)為該酒廠創辦時的核心人物之一，也是蒸餾負責人，故酒廠初出茅廬之際便受到很多關注。約翰・麥克道格曾任百富酒廠與拉弗格酒廠經理多年，在業界是赫赫有名的人物。

若各位有機會碰到以上任何一支威士忌，請務必試試看。

Column

會被酒吧討厭的客人

☞亂動店家的東西
☞喝到爛醉，一直霸佔廁所
☞聊政治、宗教、運動的話題
☞感冒了還上門
☞大聲喧嘩
☞有女性客人在旁還猛開黃腔
☞自己亂開店家的酒瓶聞味道
☞不看酒單還點該店沒有的酒
☞脫衣服
☞自帶外食
☞每一杯都一口乾
☞結帳時抱怨太貴
☞一直談自己工作上的事情
☞一直講話卻不點東西
☞老愛講一些聳動的話
☞大聲講電話
☞情侶吵架
☞在店裡還戴著墨鏡
☞自以為是常客就隨便批評店家
☞強迫別人接受自己的喜好
☞搭訕其他陌生客人
☞要店家幫你打折
☞用字遣詞難聽
☞喝到睡著
☞香水噴太重

酒席上，難免有人會不小心喝太多而做出平常不會做出的事情，像是大聲喧嘩，或是粗魯對待店家的東西等等，這些事情就算不是在酒吧裡也不該犯。有些人還會趁著醉意騷擾其他客人、霸佔廁所，或直接就睡在店裡，這些舉動都很不應該。

有些人平常看起來得體明理，一旦喝醉卻性情大變。雖然大家都知道己所不欲勿施於人的道理，但酒最可怕的地方就在於會讓人搞不清楚這件事。有些人的酒量好，有些人酒量不好，必須靠經驗才能慢慢掌握適合自己喝酒的方式。無論其他人喝酒的速度多快，我們都要保持適合自己的步調，這樣才能喝得開心。

特別是有些人喝醉後還會喪失記憶，在不知不覺中造成別人的麻煩。有這種傾向的人，或許可以調整一下自己喝酒的方式。

Part 4

更加深入威士忌的世界

談穀物威士忌、原桶強度、威士忌調色的真相與假酒

其實很有趣的穀物威士忌

官方裝瓶的穀物威士忌

三得利的「知多」、麒麟的「富士」、日果的「NIKKA COFFEY 穀物威士忌」都是官方裝瓶的穀物威士忌。「NIKKA COFFEY 純麥威士忌」的原料雖然是發芽大麥（麥芽），不過是以連續式蒸餾器蒸餾而成。

每間酒廠推出的穀物威士忌

很多人對穀物威士忌的第一印象，是用來與麥芽威士忌勾兌成調和威士忌用的東西。實際上也的確是這樣沒錯，不過近年來有愈來愈多酒廠開始將穀物威士忌作為一項產品推出。放眼全球，穀物威士忌商品化的情況還不多見，像日本這樣官方裝瓶的穀物威士忌其實非常稀有。

我們一般熟知的穀物威士忌定義是：以發芽大麥（麥芽）以外的穀物為原料，並採連續式蒸餾器蒸餾而成的威士忌。但日本正式的定義也只有「必須使用發芽大麥促使穀物糖化後蒸餾」，所以麥芽當然也可以是穀物威士忌的原料。而既然使用了發芽大麥幫助原料糖化，背標上的原料就會標記「穀物、麥芽」。一般在製作威士忌時，糖化、發酵的階段都一定會用到發芽大麥。順便分享一下，麥燒酎則是使用麴進行發酵。

穀物威士忌的原物料要使用什麼穀類並無限制，如「知多」、「富士」就是以玉米為主要原料，而蘇格蘭則普遍習慣以小麥為主要原料。

蒸餾器的形式不拘

穀物威士忌和麥芽威士忌一樣，也分成單一穀物、調和穀物威士忌，比如「知多」使用的原酒全部出自知多蒸溜所，所以屬於單一穀物威士忌。

其實用來蒸餾穀物威士忌的蒸餾器形式並沒有任何的限制，這一點蘇格蘭和日本都一樣。就算用單式蒸餾器，即壺式蒸餾器蒸餾麥芽以外的穀物也沒問題。只是這麼做成本很高，無法大量生產。所以，很多人會誤以為世上沒有使用單式蒸餾器蒸餾的穀物威士忌，但就像第99頁提過的，站在日本和蘇格蘭的角度來看，波本威士忌其實也算是一種穀物威士忌。因此以單式蒸餾器蒸餾的波本威士忌品項，也算是一種以單式蒸餾器蒸餾的穀物威士忌。

而在連續式蒸餾器問世之前，很多酒廠也會用單式蒸餾器蒸餾麥芽以外的穀物糊，生產用來調和的穀物威士忌；聽說這種做法一直到19世紀末都還很普遍。另一方面，以連續式蒸餾器蒸餾麥芽糊的作法，在19世紀同樣很普遍，而當年這種做法依然可以在酒標上標示為單一麥芽，後來蘇格蘭威士忌的相關法規修訂之後，這種情況才慢慢消失。

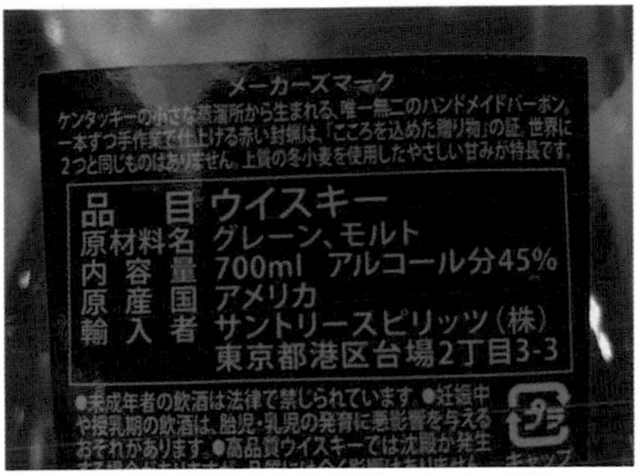

波本威士忌都是穀物威士忌

波本威士忌是以玉米為主，搭配各種穀物並使用連續式蒸餾器製造的威士忌，所以日本版背標的原物料欄會寫穀物、麥芽。原料在糖化的過程絕對少不了麥芽酵素的大力相助。

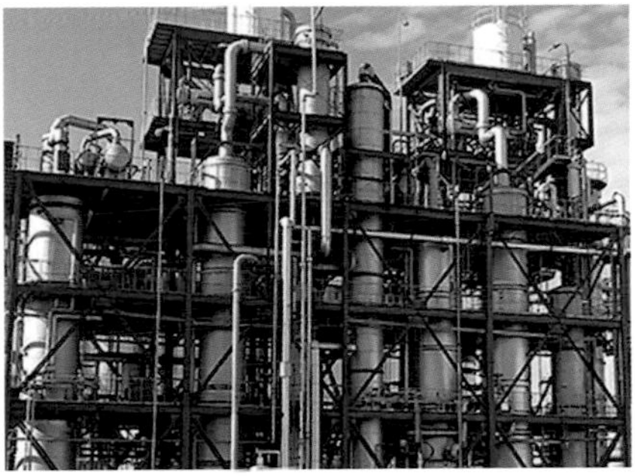

連續式蒸餾器

連續式蒸餾器（continuous still）又稱柱式蒸餾器（column still）。而當初改良連續式蒸餾器的科菲以此技術取得專利（patent），因此也有人稱之為patent still。

穀物也有很多種

「羅夢德湖單一穀物威士忌」的原料只有麥芽，但用連續式蒸餾器蒸餾而成，因此酒標上寫著「FINEST MALTED BARLEY」。喜歡單一麥芽威士忌的朋友應該也能輕易接受這支酒。

標榜30年的調和威士忌
使用的穀物原酒必須熟陳至少30年

穀物原酒的熟陳概念和麥芽原酒一樣，年份 30 年的威士忌裡，使用的穀物原酒和麥芽原酒一定都至少在橡木桶裡陳放了 30 年以上。雖然穀物原酒的材料成本較低，但陳年的時間成本和麥芽原酒卻是一樣的。

Nikka Black與科菲式蒸餾器

於1826年，羅勃・史丹(Robert Stein)發明了連續式蒸餾器。當時蘇格蘭是以蒸餾器的容量來計算稅額，所以他才發明了這種容量不變，卻能提高蒸餾效率的裝置。後來一名叫埃尼斯・科菲（Aeneas Coffey）的稅務官看上這款裝置，便自行改良成由2座塔組成的裝置，並取得了專利；這種蒸餾器稱作科菲式蒸餾器（coffey still）。

據說日果威士忌的創辦人——竹鶴政孝也曾打算引進科菲式蒸餾器來改善威士忌的品質，但當時的日果無法負擔蒸餾器的價格，只好作罷。後來是得到當時的大股東朝日麥酒贊助才成功的引進，並產出日本第一支，使用科菲式蒸餾器蒸餾的穀物威士忌「Nikka Black」。

科菲是愛爾蘭人，不過他的科菲式蒸餾器在愛爾蘭賣得並不好，後來他決定轉戰蘇格蘭的低地區，他的蒸餾器才開始在蘇格蘭流傳開來。

像是「知多」、「富士」兩個酒廠就自行蒸餾了多種類型的原酒，並調和裝瓶上市。除了蒸餾器，他們擁有的橡木桶也很多樣。例如「知多」還曾經發表過一款山櫻桶陳的限量產品。

高年份穀物威士忌價格低得驚人

穀物威士忌對於原物料近乎毫無限制，也沒有明確標記的義務，因此消費者往往很難得知酒廠用了哪些原料，而且他們的調配比例基本上也都不會公開。一般來說，蘇格蘭的穀物威士忌大多是以小麥為原料；最早的時候其實是使用玉米，但後來玉米進口價格高漲，所以才慢慢改用小麥。

但好的方面是，穀物威士忌價格往往很便宜。即便是20年以上的高年份產品或停業酒廠的絕版品，價格也比麥芽威士忌還要便宜許多。尋找自己喜歡的調和威士忌用了什麼穀物威士忌，也是喝威士忌的樂趣之一。

官方裝瓶的蘇格蘭穀物威士忌比較少見，所以我建議從裝瓶廠（向酒廠購買原酒後自行裝瓶販賣的公司）推出的產品開始找起。

生產穀物威士忌的酒廠

蘇格蘭

卡麥隆橋（Cameronbridge）

負責提供「約翰走路」與帝亞吉歐集團旗下好幾款調和威士忌的穀物原酒，亦推出單一穀物威士忌「Cameronbridge」。

斯特萊德（Strathclyde）

該酒廠現在為保樂力加集團所有，以提供「起瓦士」的穀物原酒聞名。可以買到裝瓶廠推出的品項。

羅夢德湖（Loch Lomond）

雖然這間酒廠以單一麥芽威士忌聞名，但他們也有連續式蒸餾器，並推出以麥芽為原料的單一穀物威士忌。

因佛高登（Invergordon）

位於蘇格蘭最北邊的穀物威士忌酒廠，提供「懷特馬凱」調和用的穀物原酒。可以買到裝瓶廠推出的品項。

格文（Girvan）

該酒廠為格蘭父子（William Grant & Sons）集團所有，該集團旗下知名品牌為「格蘭菲迪」。格文酒廠主要生產集團旗下調和威士忌「格蘭（Grant's）」的調和用原酒，而廠區內還有另一間專門生產麥芽原酒的艾沙貝（Ailsa Bay）酒廠。該酒廠還有生產「亨利爵士琴酒」。可以買到裝瓶廠推出的品項。

北星（North British）

這是由愛丁頓集團（The Edrington Group）與帝亞吉歐合資經營的穀物威士忌酒廠，主要生產「威雀」和「約翰走路」的穀物原酒。可以買到裝瓶廠推出的品項。

斯塔羅（Starlaw）

這是由法國La Martiniquaise集團擁有的穀物威士忌酒廠，主要生產調和威士忌「雷伯五號（Label 5）」的原酒。

日本

知多蒸溜所

三得利擁有的穀物威士忌酒廠。負責生產三得利旗下調和威士忌使用的穀物原酒，也自行推出單一穀物威士忌「知多」。

白州蒸溜所

三得利擁有的穀物威士忌酒廠。雖然白州最知名的是麥芽原酒，但2010年他們導入相關設備，2013年起開始生產穀物原酒，現在也持續生產種類豐富的穀物原酒。

宮城峽蒸溜所

日果威士忌擁有的穀物威士忌酒廠。生產麥芽原酒，也生產穀物原酒，主要提供日果威士忌旗下調和威士忌使用的穀物原酒。該酒廠也推出以柯菲式蒸餾器蒸餾的「COFFEY純麥威士忌」、「COFFEY穀物威士忌」、「COFFEY琴酒」、「COFFEY伏特加」等商品。

KIRIN DISTILLERY 富士御殿場蒸溜所

麒麟啤酒擁有的穀物威士忌酒廠。除了生產麥芽原酒以外，也運用3種類型的蒸餾器，蒸餾出風格不同的穀物原酒。2021年酒廠也推出了「KIRIN單一穀物威士忌 富士」。

威士忌酒精濃度愈高愈好喝？
原桶強度入門

原桶強度（cask strength）

＝沒有加水稀釋的威士忌原液

※波本威士忌的原桶強度英文習慣稱「barrel strength」

CASK＝橡木桶　STRENGTH＝強度

＊日文「樽」指橡木桶

早期日本有些酒標會寫「樽出原酒」

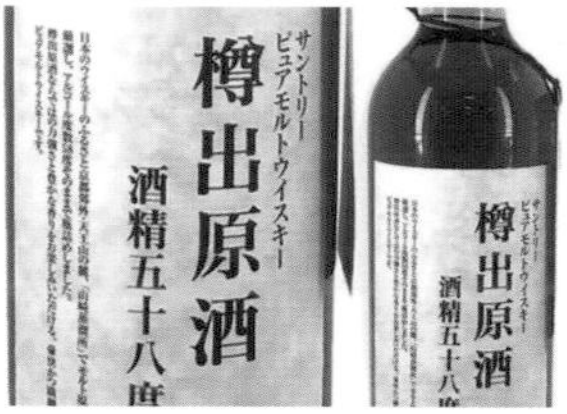

蘇格蘭威士忌的酒精濃度有明確規範

蘇格蘭威士忌的裝瓶酒精濃度不得低於40%，而一般的調和威士忌濃度也大多都是40%。日本則沒有限制。

熟陳過後的威士忌酒精濃度大多會超過50%
＝一般標準款威士忌都已經加水稀釋成容易飲用的濃度了

橡木桶中的酒液不加水直接裝瓶

原桶強度（cask strength）是「沒有加任何一滴水稀釋的威士忌」。這個詞的英文廣泛運用於蘇格蘭、日本威士忌業界；波本威士忌的英文雖然有些不同，但意思相同。波本威士忌的原桶強度之所以寫作「barrel strength」，是因為波本威士忌使用的橡木桶容量（約200公升）在類型上稱作「barrel」的緣故。

cask是橡木桶的意思，strength是酒精強度。在1980～1990年代，日本常用「樽出原酒」一詞來表現原桶強度，但現在也慢慢習慣用

英文來溝通了。

威士忌經過熟陳，從橡木桶取出的時候，酒精濃度一般落在50％到60％左右，後續還會加水稀釋成四十幾％（含40％）再裝瓶。而原桶強度則是以桶內原酒原本的狀態直接裝瓶，所以濃度往往都超過50％。

很多人聽到酒精濃度超過50％，都會嚇得表示「那麼濃的酒哪能喝」。其實威士忌在橡木桶中經過漫長的歲月熟化，已經轉化成甘醇的香氣，口感也變得圓潤、有深度，所以不必太擔心。

慢慢加水 找到自己喜歡的風味

加水後再裝瓶，某方面來說也等於稀釋了威士忌在桶中形成的風味，這就是為什麼喜歡濃郁風味的人總會追求原酒強度或高濃度的威士忌。但原桶強度的優點不只有這樣，更棒的地方在於我們可以慢慢加水，調整成最符合自己當下身體狀況與心情的風味。雖然我們無法讓稀釋過的味道變濃，但可以自由稀釋濃郁的味道。

有時候，同一個品牌的低年份款會比高年份款還要貴。這種情況的可能原因很多，但大多時候是差在酒精濃度高低。

高濃度威士忌就像濃縮醬油露？

拿濃縮醬油露與一般醬油露相比，前者價格比較高。原桶強度的威士忌其實就像濃縮版的醬油露。

58%　54%　59%　55%

日本的工藝威士忌很貴？

近年來，許多日本新興酒廠和工藝酒廠都開始推出單一麥芽威士忌，不過有些人或許會覺得價格普遍偏高。關於價格，其實每個企業都有他們的考量，但最淺顯易懂的理由之一是酒精濃度。這些單一麥芽威士忌很多都是原桶強度，就算有加水也是加最少限度的水，而這樣的堅持自然也會反映在價格上。另外一項原因是產量少。這些工藝酒廠還沒有稱得上標準款的常規品項，絕大多數都是限量版產品，而這種產品往往是用少數幾個橡木桶的原酒勾兌而成，所以價格勢必較高。最後則是工藝精神。酒廠有自己對原料的堅持，對製程的堅持，而且和大企業不一樣，很多環節都是人工作業，相對費時，因此產量較低，原酒價格自然就比較高了。很多新興酒廠目前都還在摸索實驗階段，他們需要累積很多實驗與經驗，未來才有機會推出能夠固定販賣的常規產品。

原桶強度也是接觸獨立裝瓶威士忌的入口之一

有些酒廠沒有推出原桶強度的單一麥芽威士忌，所以如果想要喝到自己喜愛品牌的原桶強度版本，買不到官方裝瓶，也可以往獨立裝瓶的方向找。原桶強度也是我們接觸獨立裝瓶威士忌的入口之一。

這些酒的價格雖高，但如果加水稀釋成一般40%的濃度，整體的量也比較多。調製 Highball 時，如果使用酒精濃度較高的威士忌，即使減少酒的用量、增加氣泡水的用量，味道也不會太稀淡，又能確實喝到氣泡的刺激感。

另外，有些原桶強度的酒精濃度也只有四十幾%。因為熟陳時間長，酒精自然揮發得更多，濃度當然也就降低了；所以高酒精濃度的高年份原桶強度威士忌往往人人搶著要。長期熟陳的原酒口感相當柔順，幾乎感覺不出酒精濃度。

原桶強度與單桶差在哪裡？

原桶強度和單桶（single cask）的意思不同。單桶是指一支酒內的酒液全部來自單一橡木桶。即使同一批原酒使用同樣橡木桶、熟陳同樣年數，每個橡木桶內的酒液風味也都不相同，因此很多單桶威士忌都具備與眾不同的特色，每一款也都是獨一無二的味道，這也是許多威迷熱愛單桶威士忌的原因。

幾款知名原桶強度威士忌

格蘭利威Nadurra原酒系列

Nadurra 系列有推出 1L 瓶裝的品項，不過 700ml 瓶裝的都是原桶強度。Nadurra 在蓋爾語中為「自然、天然」的意思，而這幾款威士忌都沒有加水稀釋、沒有添加焦糖色素、非冷凝過濾裝瓶。系列品項包含以雪莉桶熟陳的「Oloroso」、帶煙燻味的「Peated」、以初次美國白橡木桶熟陳的「First Fill Selection」。

DATA
約 60%（原桶強度威士忌的裝瓶酒精濃度常有浮動）／皆 700ml ／「Oloroso」、「Peated」、「First Fill Selection」／皆出自 Glenlivet Distillery ／日本保樂力加

麥卡倫經典切割Classic Cut

這是麥卡倫於 2017 年推出的限定系列商品，皆為無年份原桶強度威士忌，十分搶手。這系列每一年都會邀請不同的調和師以不同的配方勾兌原酒，因此每一批數量有限，不容易買到。但這款真的是頂級的威士忌。現在麥卡倫的主要產品線都有加水稀釋，所以如果你想喝濃郁風格的麥卡倫，一定要試試看這支。

DATA
52.9 %／700ml ／ Macallan Distillery ／參考品

亞伯樂首選原桶

這支是亞伯樂 2000 年代前半推出的 100%雪莉桶原酒，也是採非冷凝過濾的無年份單一麥芽威士忌。它同時還是單桶威士忌，剛推出時便有在酒標上標記批次號碼的習慣。很多人都喜歡亞伯樂的百分百雪莉桶原酒。

DATA
約 60%（原桶強度威士忌的裝瓶酒精濃度常有浮動）／ 700ml ／ Aberlour Distillery ／日本保樂力加

格蘭花格105

這支是格蘭花格推出的 100%雪莉桶無年份原桶強度威士忌。105 是指酒精濃度，換算成我們習慣的濃度大約是 60%。這款威士忌是以好幾桶不同酒精濃度的原酒勾兌成 60%的濃度，並以原桶強度的形式販售，價格相當便宜！

DATA
60%／ 700ml ／ Glenfarclas Distillery ／ Million 商事

愛倫 1/4桶原酒

這款酒的酒液先在波本桶內熟陳 7 年，再換入 125L 的小桶（1/4 桶）繼續熟陳 2 年，最後以原桶強度的狀態裝瓶。由於酒液在小桶內的熟成速度較快，因此喝起來感覺不只陳放了 9 年，又帶有波本桶賦予的果香。另一支「愛倫雪莉桶原酒」也很值得一喝。

DATA
56.2%／ 700ml ／ Arran Distillery ／ Whisk-e Ltd

世上歷史最久的威士忌社團

蘇格蘭麥芽威士忌協會（SMWS）

SMWS
1983 年於愛丁堡成立，在日本等世界 13 國皆設有分會，會員人數超過 2 萬 8 千人。日本分會第一年度的會費為 1 萬日圓，會籍更新費用 8 千日圓。

SMWS威士忌（協會酒）特色
- 原桶強度
- 非冷凝過濾
- 無焦糖色素調色

基本上協會酒都是原桶強度裝瓶，所以酒精濃度高，亦保留了桶內原酒最原始的風味。而且也不會經過冷凝過濾和使用焦糖色素調色。

協會擁有自已的熟陳倉庫，存放共超過 8000 個橡木桶，每個月都會從中挑選適合的酒，裝瓶販售給會員。他們也會自行換桶、過桶*。

*譯註：Cask Finish，威士忌酒液於原本的橡木桶內熟陳至一定狀態後，換入另一個木桶繼續陳放一段相對短暫的時間以增添風味的手法

瓶蓋貼與酒標的顏色分成 12 種，每一種顏色都代表不同的風味類型。協會官方網站上也提供免費的酒款風味地圖可以下載。

有機會遇到老饕級威士忌

我想介紹一個集結一群極致威士忌迷的會員制威士忌社團，這個社團名叫「蘇格蘭麥芽威士忌協會」（The Scotch Malt Whisky Society），簡稱協會（SMWS）。協會會自行向酒廠購買原酒，並於會內倉庫自行熟陳，再自行裝瓶，販售給會員。協會酒的原酒來自超過140間酒廠，每一桶原酒都是由協會精挑細選；不久之前那間位於日本埼玉縣的酒廠也雀屏中選，成為協會酒的一員。

協會酒的瓶身設計都一樣，酒標格式基本上也都相同。乍看之下好像有

協會酒絕大多數都是單桶威士忌（也有例外）。一般威士忌若標註年份為 12 年，就代表使用原酒都至少熟陳 12 年以上，不過單桶威士忌的 12 年，則代表該酒液熟陳了不多不少 12 年。以前協會酒的酒標上還會標示單桶(single cask)的字樣，但現在因為他們開始玩過桶，所以這樣的標記愈來愈少了。若某一款協會酒的原酒有換裝過其他橡木桶，酒標上第一個陳放的桶子會寫 Initial Cask，最後裝填的桶子則會標示 Final Cask。

會員權利:每個月都可以購買協會專門提供給會員的獨立裝瓶威士忌、以優惠價格參加協會舉辦之品酒會、參加會員限定之線上品酒會、獲得會員限定會報、到指定酒吧消費可享折扣。

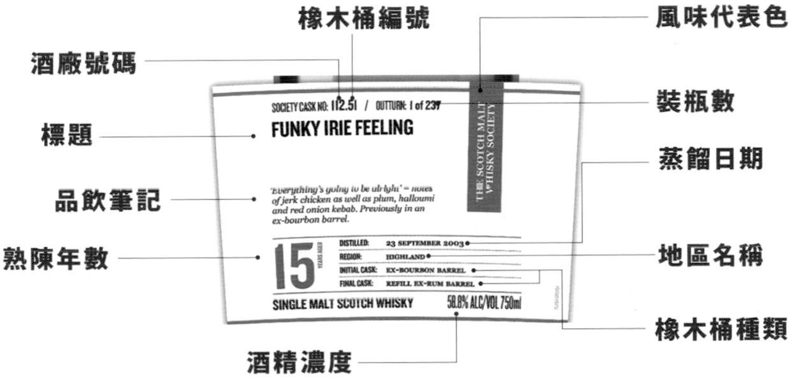

點難分辨，但其實酒標上提供了我們很多資訊。協會希望大家在飲用時不要有先入為主的成見，所以酒標上不會明確寫出原酒來自哪間酒廠，取而代之的是一組號碼，有興趣的人只要上網查就可以查到該號碼代表的是哪間酒廠。至於木桶編號則代表該酒廠目前已經賣出了多少桶原酒；其他像是裝瓶數、橡木桶種類、蒸餾年月日等資訊也都很詳實。而協會酒替每一支酒取的名稱也是一大特色，這些名稱都顯示了那支酒的風格，例如「柔美且帶點煙燻調性，如一杯泡了茶的曼哈頓雞尾酒」（詳情可見ＳＭＷＳ日本分會網站）。

加入這種會員制威士忌社團不只有機會買到超稀有的酒款，還可以結交意氣相投的同好。

威士忌調色的眞相

你的威士忌其實上了色

常見的誤解

- 威士忌顏色愈深代表年份愈高
- 威士忌顏色愈淡代表年份愈低

橡木桶類型會影響酒色

陳放在雪莉桶的酒液顏色通常較深，而波本桶則不太會染色。另外，再填桶也不太會替酒液染上顏色。

威士忌調色是常態

在不改變威士忌風味的前提之下，僅允許在烈酒中添加焦糖色素 E150a。

蘇格蘭、愛爾蘭、日本的法規都允許添加色素調色。

允許於特定威士忌中，添加該威士忌總產量 2.5%的焦糖色素調色。

幾乎所有上市的波本威士忌都屬於純波本（straight bourbon），而純波本不允許添加任何色素調色。

爲何要調色？

生產者認為：「由於每一次橡木桶熟陳出來的原酒顏色多少會有落差，若以味道為優先考量，那麼每一批產品之間就會出現顏色上的落差。如果去年推出的產品和今年推出的產品顏色落差太大，就有可能會招致投訴。」很多大型酒廠的標準款產品也都有使用色素調色。

顏色深淺與熟陳時間無關！

我常常在吧台裡聽到客人說這樣的話：「顏色深的威士忌代表熟陳時間很長」、「顏色淺的威士忌代表它是年輕的威士忌」。這些都是錯誤的觀念，威士忌的顏色深淺，主要是受陳放的橡木桶類型影響，不見得和年份有關。

而且一般大品牌的威士忌其實都會調色。注意，是絕大多數的廠牌都會這麼做；而這一點也是威迷之間常常爭論的問題。很多消費者認為加色素倒是無所謂，但希望酒標上能明確標示出來。至於生產端也有一派人馬

反對威士忌中添加色素。比如振興布萊迪酒廠的首席釀酒師吉姆・麥高文(Jim McEwan)就曾說：「其他酒廠會利用調色手法讓人誤以為他們的威士忌熟陳了很長一段時間，但我們不會這麼做。」此外也有不少酒廠堅持不添加色素，而這樣的酒廠愈來愈多了。因為現在無調色象徵的是一種酒廠的堅持，所以有些酒廠還會在酒標上標示 Uncoloured（無調色）、Nature Color（自然酒色）。

也有很多知名酒廠品牌選擇不添加焦糖色素，除了前面提過的「布萊迪」，還有「雲頂」、「麥卡倫」、「沃富奔(Wolfburn)」、「齊侯門」。此外，獨立裝瓶廠販售的威士忌，和近年來許多日本工藝威士忌酒廠出品的威士忌，也幾乎都不使用色素調色。

反對調色派的意見

- **E150a並非蒸餾或熟陳的產物，而是人工添加物**
- **以焦糖色素調色偽裝熟陳狀態是混淆視聽的花招**
- **焦糖色素恐折損威士忌風味，形成苦澀味道的來源**

我不希望替威士忌上色，也不希望重要的客人喝到了身體不需要的東西。

吉姆・麥高文談色素

如何辨別威士忌有無調色

有個方法可以得知一支威士忌是否使用了焦糖色素調色。德國和丹麥等部分國家規定食品若使用調色劑有義務明確標示，我們只要上那些國家的網路商店查詢我們想調查的威士忌，就能看到廠商公開的資訊，確認有沒有添加色素。有些平行輸入的威士忌酒標上也會標示有無使用。

焦糖色素的構造

焦糖色素	E Number 辨識編號	亞硫酸鹽	銨鹽	每日建議攝取量（ADI）
第一類焦糖色素（普通焦糖）caramel I (plain)	E150a	不含	不含	無限制
第二類焦糖色素（亞硫酸鹽焦糖）caramel II (caustic sulfite process)	E150b	含	不含	0-160mg/kg/day
第三類焦糖色素（銨鹽焦糖）caramel III (ammonia process)	E150c	不含	含	0-200mg/kg/day（若以固形物計算0-150mg/kg/day）
第四類焦糖色素 caramel IV (sulfite ammonia process)	E150d	含	含	

你喝的是真的威士忌嗎？

小心！假酒就在你身邊

高級威士忌的空瓶可以賣出好價錢

很多在新型冠狀病毒的疫情期間而倒閉的店家，會藉機出清店裡庫存。有的是空瓶，有的裡面還有剩酒，而這些剩下來的酒最好不要喝，很危險。有些商品的下方資訊也直接地告訴你「內容物請倒掉」。

販賣空瓶容易助長假酒歪風

現在威士忌在拍賣會還有二手市場上的交易價格，依然是居高不下。2018年英國拍賣會上，光是威士忌一類的交易總額就高達57億日圓。市場如此地龐大，假酒問題的嚴重程度自然與假鈔不相上下。然而實際上早已有許多假酒混入拍賣會以及二手市場。

相信也有很多讀者看過拍賣會上賣出大量高級威士忌空瓶的情景。販賣空瓶本身並沒有問題，問題是高價標下這些空瓶的人想拿來做什麼。

最近有很多酒吧歇業，導致大量來路不明的酒款和空瓶流落市面。

有些商品明明裡面裝滿了酒，瓶口卻已經拆封；賣家喊的價格很高，底下的商品說明卻只說「有一次不小心開錯」或其他奇奇怪怪的藉口。

因此這裡我想介紹一些過去的假酒事件，呼籲大家提高警覺。

約莫 2015 年前後，市場上出現大量的「山崎 35 年」空瓶，且交易價格都很高。

「響 30 年」的零售定價為 12 萬 5000 日圓（此為 2021 年 11 月前的價格。2022 年 4 月以後出貨者調漲為 16 萬日圓），但現在網路上價格甚至已經喊到 50 萬日圓。聽說還曾有約莫 20 萬日圓的假貨在市面上流通。那些想要靠轉賣牟利的人，也可能成為假酒集團的目標。

日本威士忌圈也是詐欺事件頻傳

2021年，有名無業男子在拍賣會上發布「山崎25年」的假資訊，騙取將近90萬日圓的鉅款，最後遭移送法辦。雖然男子並無提供實際商品，但仍屬一起詐欺案例。

另一起案子。2017年6月到7月，兩名舊貨店的店員透過知名二手交易軟體賣出五支用「響30年」空瓶裝的假酒，詐騙金額高達99萬日圓，最後警方依詐欺與違反商標法的罪嫌將兩人逮捕歸案。

原本以為是18世紀的老酒……

接下來我們看看國外的案例。

2017年時，有一名中國遊客到訪瑞士聖莫里茲（Saint Moritz）一間飯店。該遊客點了一杯未拆封的1878年「麥卡倫」，這支威士忌全世界只剩一支，就在這間飯店，一杯要價110萬日圓。起初飯店表示那支是非賣品，婉拒了遊客的要求，後來因為該遊客實在太堅持，飯店老闆才決定將它打開。

這件事情後來上了新聞，部分威士忌專家指出那支麥卡倫可能是假貨，於是飯店將那支威士忌拿去做「放射性碳定年」鑑定，結果發現那支酒的確是假貨。那支麥卡倫的瓶子裡裝的，甚至有95%機率不是單一麥芽威士忌，而是在1970到1972年製造，麥芽原酒60%、穀物原酒40%的調和威士忌。後來飯店老闆親自飛往中國道歉，還開了支票和解，這件事情才落幕。

那支「麥卡倫」是飯店老闆桑德羅（Sandro Bernasconi）的父親25年前以超過一百萬日圓的價格買下的收藏，桑德羅也表示「本飯店從來沒懷疑過這支麥卡倫是假酒」。

國外影音平台上還可以看到替「山崎 18 年」空瓶重新封裝的影片。

該事件中的瑞士某飯店還是威士忌藏量傲視全球的金氏世界紀錄保持者，消費者不疑有他也很正常。

麥卡倫自己也曾身陷假酒風波

另外一個也是和「麥卡倫」有關的案例。1995年，麥卡倫於拍賣會標下自家於1874年販售的產品，並於1996年推出重現該產品風味的復刻品項。

這款復刻品賣得非常好，於是麥卡倫便開始標下一個又一個自家於1800年代後半推出的產品，並根據這些拍賣品的風味推出一系列復刻商品，直到2000年代前半為止。

這項舉動引起了熱烈討論，各方面也開始出現質疑拍賣品真假的聲音。麥卡倫回應質疑，將標得的一部分拍賣品送去做「放射性碳定年法」鑑定，結果發現竟然是假貨。等於麥卡倫復刻了好幾年的假貨，這讓麥卡倫酒廠的臉大大蒙上了一層灰。

飯店委託牛津大學對那支麥卡倫進行分析化石時採用的放射性碳定年法鑑定，結果發現瓶內液體有95%的機率為1970年～1972年製造的調和威士忌。飯店老闆桑德羅親赴中國向該張姓遊客致歉，並開出支票全數償還金額，達成和解。

亞洲查獲的威士忌假酒工廠

接下來的案例是「約翰走路」假酒工廠。2019年，泰國當局於南部宋卡府查獲一間製造「約翰走路」黑牌與紅牌的假酒工廠。當時警方逮捕了正在調配酒液與貼標籤的兩名嫌

仿照 19 世紀麥卡倫 1874 製作的「麥卡倫 1874 復刻版」，推出當時引起一陣轟動。雖然後來麥卡倫在拍賣會標下的老酒有大半都已經證實是假貨，但世人普遍認為他們最早標下的麥卡倫 1874 是真品。

泰國近年陸續破獲多起假酒案，其中大多是以廉價酒重新裝瓶魚目混珠，但也有不少假酒中含有甲醇等對人體有害物質的事件。這些假酒集團的銷售對象多為飯店和娛樂設施，各位務必提高警覺。

犯，然而兩人都供稱自己只是員工，從來沒見過上面的老闆。

這些假酒似乎已經流入飯店和娛樂設施。我們不知道這些假酒裡面到底放了什麼，誤食的話非常危險，所以各位未來有機會到泰國旅行時務必提高警覺。

說到假酒中危險的內容物，2002年倫敦也查扣了一批含甲醇的威士忌。警方扣押回來的威士忌含有4.3%的甲醇。甲醇是一種毒性極強的物質，僅10毫升就足以讓人失明，且只要30毫升就可能致命。

拖垮威士忌業界的帕帝森兄弟

談到假酒，就不得不提在威士忌業界留下一道嚴重傷痕的事件——帕帝森危機(Pattison Crisis)。

羅伯特與沃爾特這兩位帕帝森兄弟(Robert & Walter Pattison)，他們於1887年創立了一間製造調和威士忌的公司。當時威士忌市場相當蓬勃，兩兄弟的公司才短短兩年就成功上市，據說他們當年創下的利益換算成日圓將近等於20億。

他們為了穩定調和威士忌的原酒來源，接連收購多間酒廠，包含歐本(Oban)、雅墨(Aultmore)，和格蘭花格一半的權利，還有一些穀物威士忌酒廠。後來兩兄弟將辦公室遷至愛丁堡，私底下也開始揮金如土，購置大量土地，大肆地享樂。然而好景卻不長。

帕帝森兄弟的事件發生之後，世界經歷了兩次大戰以及美國禁酒令，一直到1949年督伯汀(Tullibardine)酒廠成立，才結束了幾十年來都沒有新酒廠建立的威士忌冰河期。

帕帝森兄弟向好幾間銀行借款，收購酒廠確保原酒來源，然後又藉此向銀行借更多錢，周而復始。1898年12月，帕帝森兄弟公司的股票暴跌，導致他們無力償還銀行債款而倒閉。後來兩兄弟更因為爆出假帳的問題，雙雙鋃鐺入獄。如果只是這樣也就算了，日後更有人證實，帕帝森兄弟其實進口了大量廉價的愛爾蘭威士忌，然後再加入少許高級蘇格蘭威士忌，便以「Fine Old Glenlivet」單一麥芽威士忌之名販售。換句話說，他們一直在製造假酒。

這件事情啟動骨牌效應，約莫10間有關聯的威士忌公司相繼破產，也害許多其他小規模公司倒閉，而且更嚴重打擊了蘇格蘭威士忌業界的信譽。事件爆發後，蘇格蘭威士忌的原酒價格好一段時間萎靡不振，就連與事件無關的酒廠也不得不關廠或是縮小產線，可以說是整個業界都因此遭受到了重大打擊。

順帶一提，其實從很久以前開始就有人在製造威士忌假酒了。最古老的紀錄是一份1783年的偽造威士忌配方，這比格蘭利威註冊成為蘇格蘭政府承認的第一間合法酒廠發生的時間點還要早上將近一百年。

未來拍賣品都要附上鑑定書!?

接連爆發的假酒問題，讓識破偽造的技術成了大家討論的焦點。

在2018年，蘇格蘭大學聯盟環境研究中心(Scottish Universities Environmental Research Center，SUERC)以放射性碳定年法鑑定了55支稀有蘇格蘭威士忌老酒，結果發現其中21支為假酒。例如有一支1863年的「泰斯卡」很有可能其實是在2007年至2014年蒸餾的東西。

有鑑於這樣的情況，專門調查與鑑定威士忌老酒的公司「Rare Whisky 101」共同創辦人大衛・羅伯森(David Robertson）甚至出言表示：「那些聲稱是1900年以前製造的老酒，在證實是真貨之前都應該以假貨看待。」所以未來出現在世界級拍賣會上的威士忌，可能都會是已經鑑定為真的東西。

雷射鑑定技術 不用拆封也能鑑定

談到鑑定的技術，2019年蘇格蘭的格拉斯哥大學(The University of Glasgow）開發出一種名為「人工舌頭(artificial tongue)」的感應晶片。據說這種晶片只需要滴上一滴威士忌，就有辦法分析該威士忌的性質。實驗結果也顯示，人工舌頭確實有能力可以分辨出三種年份、木桶都不同的威士忌，準確度高達99・7%。唯一的問題，就是分析時仍需要打開珍貴的威士忌。

後來，蘇格蘭聖安德魯斯大學(The University of St Andrews）發表了一項不需要開瓶就可以鑑定威士忌的技術。方法是以雷射照射瓶身，調查瓶內酒液的化學成分。由於這種方法不需要拆封也能鑑定，所以大家也很期待這項新技術能夠幫助我們釐清威士忌的真偽。

蘇格蘭一間大學鑑定結果，證實 55 瓶老酒中有 21 瓶是假酒。

1863 年的泰斯卡可能是 2007 ～ 2014 年蒸餾的酒液。

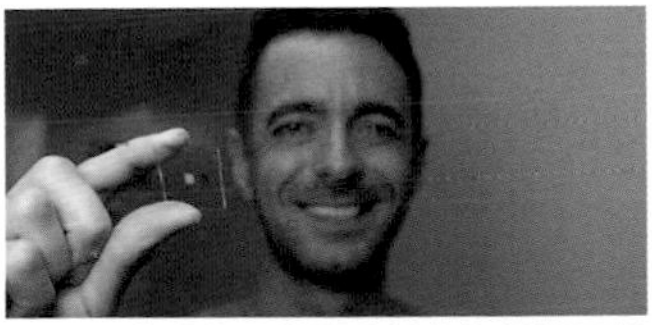
只要 1 滴威士忌就能分析出年份與用桶差異的晶片。

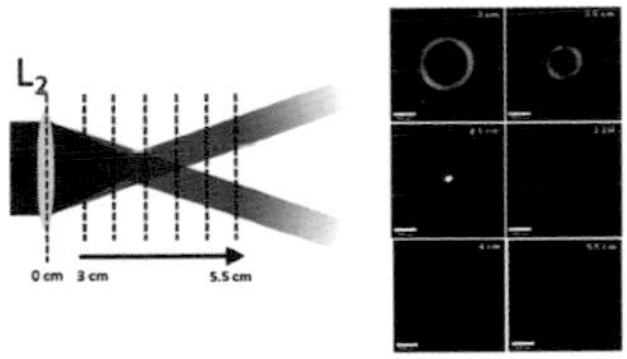

不必拆封，只需要以雷射照射瓶身，即可分析內部酒液化學成分。

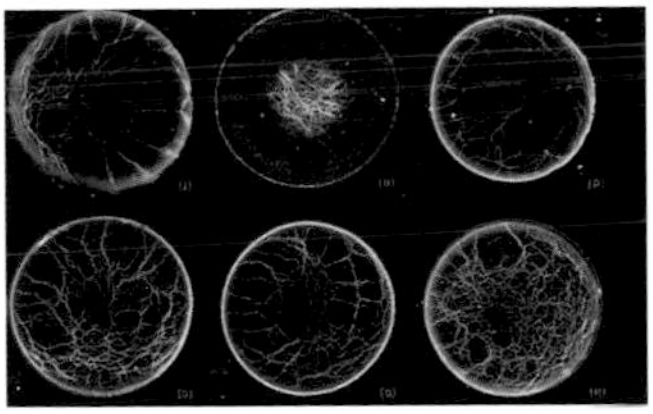
波本威士忌的指紋。只要滴 1 滴，就可以觀察到每支酒獨特的紋樣。

參考資料
https://www.samuitimes.com/beware-very-dangerous-fake-johnny-walker-headed-for-bangkok/
https://thethaiger.com/news/bangkok/dangerous-fake-jw-whisky-heading-for-bkk
https://scotchwhisky.com/magazine/latest-news/16678/10-000-glass-of-macallan-confirmed-as-fake/
https://www.bbc.com/news/uk-scotland-scotland-business-41695774
https://edition.cnn.com/2020/01/24/world/scotch-counterfeit-test-scn-trnd/index.html
https://inews.co.uk/inews-lifestyle/food-and-drink/macallan-whisky-18-year-old-single-malt-how-price-grew-nest-egg-640196
https://www.bbc.com/news/uk-scotland-scotland-business-46566703
https://www.thespiritsbusiness.com/2018/12/fake-whisky-infiltrating-all-routes-to-market/
https://phys.org/news/2019-08-artificial-tongue-distinguish-whiskies.html
https://pubs.rsc.org/en/content/articlelanding/2020/AY/D0AY01101K

高年份入門！

品飲10款高年份蘇格蘭威士忌！

官方裝瓶的高年份威士忌其實是不錯的入手途徑

威士忌會在橡木桶的呼吸作用下逐漸熟化，花上漫長的時間，獲得許多從橡木桶溶解出來的成分，產生化學變化。雖然說熟陳較久並不代表一定好喝，但高年份的威士忌對威迷來說確實是一種浪漫。

高年份威士忌一般也是使用好幾桶不同的原酒勾兌而成，所以味道好壞還是取決於調和師的手藝。雖然有些獨立裝瓶廠也有推出高年份酒款，不過我建議還是先從官方裝瓶的常規品項開始喝起。

格蘭花格21年

想要喝喝看高年份威士忌是什麼味道的人，我推薦從「格蘭花格」開始喝起。格蘭花格 21 年（也有 25 年）價格相較於其他品牌便宜很多，但味道當然是好的，這一點大家不用擔心（笑）。它是以 100%雪莉桶原酒勾兌而成，優雅而柔順的水果風味始終。

DATA
43%／ 700ml ／ Glenfarclas Distillery ／ Million 商事

艾柏迪21年

艾柏迪是「帝王」調和威士忌主要使用的麥芽威士忌，酒廠最早也是為了提供「帝王」麥芽原酒而建。艾柏迪 21 年的特色在於它如蜜的溫柔口感、果香、飽滿的甜味，彷彿將蜂蜜淋在香草上的甜韻久久不散。這支酒雖然人氣不算特別高，但一直以來都有不少死忠粉絲。它的酒精濃度只有 40%，但酒體偏中等，喝起來還是有一定的分量。

DATA
40%／ 700ml ／ Aberfeldy Distillery ／參考品

格蘭多納21年

這支酒調和了熟陳 21 年以上的 Oloroso 雪莉桶原酒與極甜的 PX 雪莉桶原酒，特色是無泥煤，又沒有雪莉桶那特殊的刺激風味，喝起來充滿果香，甜感很厚實。這一支酒的酒體飽滿，喝起來分量感十足，在雪莉桶單一麥芽威士忌的範疇裡面也算很有人氣的一支。

DATA
48%／700ml／Glendronach Distillery／朝日啤酒

格蘭菲迪21年

這支酒調和了熟陳 21 年以上的歐洲雪莉桶原酒與美國白橡木桶原酒，最後再放入加勒比海蘭姆酒桶中，繼續熟陳 4 個月。說到過桶至蘭姆酒桶的「格蘭菲迪」，很多人可能會先想到那支無年份的「實驗系列第四號：格蘭菲迪 Fire & Cane」，不過兩者使用的原酒和蘭姆酒桶種類完全不同。

DATA
40%／700ml／Glenfiddich Distillery／三得利

格蘭利威21年

這支酒調和了熟陳 21 年以上的雪莉桶原酒與波本桶原酒，既可喝到雪莉桶帶來的果乾風味，也可以喝到波本桶帶來的熱帶風情。熟成感相當扎實，尾韻綿長。整體喝起來風味十分平衡，堪稱圓熟滋味的表率。而現在格蘭利威 21 年大約不到 2 萬 5 千日圓即可買到。

DATA
43%／700ml／The Glenlivet Distillery／日本保樂力加

格蘭哥尼21年

這支酒僅用了熟陳 21 年以上的初次裝填雪莉桶原酒，喝起來帶有堅果香及葡萄乾般的水果風味，口感柔順且豐富，還有橡木桶帶來的木質調尾韻。格蘭哥尼 21 年在威迷間的評價很高，也曾在世界烈酒競賽奪得金牌。近年來酒廠開始增加單一麥芽威士忌的產量，所以產品在市場上的能見度也相對提高了。

DATA
43%／700ml／Glengoyne Distillery／朝日啤酒

卡爾里拉25年

卡爾里拉是艾雷島的麥芽威士忌，也是約翰走路主要使用的麥芽原酒之一。卡爾里拉 25 年屬於常規品項，便宜的大概 2 萬多日圓～4 萬多日圓就可以買到；不少裝瓶廠也有推出卡爾里拉的高年份酒款。不過近年來因為卡爾里拉太受歡迎，使得旗下產品價格也水漲船高。很多人喜歡這支酒來自波本桶原酒的熱帶水果風味與煙燻味。

DATA
43%／700ml／Caol Ila Distillery／MHD酩悅軒尼詩帝亞吉歐

愛倫21年

這是愛倫酒廠推出的單一麥芽威士忌，僅以初次裝填、二次裝填的雪莉重組桶(hogshead) *原酒勾兌而成。大麥的香甜中帶點柑橘調性，還有一分苦甜巧克力的滋味。尾韻的香氣與水果風味綿長。愛倫現在紅遍日本，所以可能會比較難買一點，但有興趣的人也可上酒吧試試。

＊譯註：重組桶（hogshead）是指特定容量（225-250L）的橡木桶類型。可能是某些橡木桶拆解後以那些木片重新拼裝而成的橡木桶，又或是一開始就設計成該容量的橡木桶。在台灣又俗稱「豬頭桶」。

DATA
43%／700ml／Arran Distillery／參考品

百樂門21年

這支帶點煙燻味的單一麥芽威士忌，調和了初次裝填雪莉桶原酒與波本桶原酒，聞起來有甜美的水果風味，柑橘香與煙燻香交織，喝起來有明顯的葡萄乾及熟透的蘋果等風味，尾韻則留下香甜的滋味。成熟水果風味與泥煤帶來的煙燻味都很優雅。

DATA
43%／700ml／Benromach Distillery／Japan Import System

吉拉21年

吉拉酒廠位於艾雷島附近的吉拉島上，吉拉 21 年為單一麥芽威士忌，原本是 2010 年為慶祝創廠 200 周年才推出的產品，現在已成常規品項。吉拉是有很多機會可以嘗到的品牌之一，因為很多裝瓶廠都有推出吉拉的高年份原酒，價格也還算親民。這支酒喝得到雪莉桶帶來的果香、穀物的甘甜，還有類似巧克力那厚實微苦的滋味，教人欲罷不能。

DATA
40%／700ml／Jura Distillery／參考品

Part 5

有機會一定要喝的威士忌
有機會一定要比較的威士忌

三得利的單一麥芽威士忌「山崎」&「白州」品飲比較

概要

「山崎」和「白州」都是三得利的單一麥芽威士忌，而且都因為太受歡迎而導致市場上一瓶難求。**不過日本有些便利商店會定期上架 180ml 的小瓶裝版本**。

「還沒喝過的人」、「想要喝喝看的人」可以多留意一下。CROSSROAD LAB 的頻道上也會介紹這兩款酒的販售資訊。

品飲筆記

先純飲「山崎」。香氣很漂亮，有種類似漿果的果香。味道像蜂蜜一樣帶點黏稠的甜美，還喝得到類似果乾的水果風味，以及一點點的苦味與辛香料調性，和水果般的酸味。尾韻則留下香草般的甘甜。

接著換「白州」。有青蘋果一般清新的水果香，還有香草的香氣。口感溫潤，甜味低調，尾韻帶點木質澀感更添清爽。**「白州」和「山崎」剛好是兩個對比，不過也有類似之處**。

接下來試試加冰。「山崎」加冰後酒體變得濃稠，強調了蜂蜜感，但尾韻也更苦了一點，可以稍微加點水調整。不過整體風味還是很華麗且帶有果香。

「白州」加冰之後，香草般的甜味更加突出，整體比「山崎」來得柔和。**甜味留在嘴中的時間很長，令人感到很滿足**。

接著調成 Highball。「山崎」Highball 入口瞬間就能感覺到蜂蜜感更明顯，整體依然很華麗。口感滑順，喝起來偏飽滿，也帶有些微的澀感。吞下去後有一股甜味殘留在嘴中，或許有人會不喜歡這種感覺，但這對我來說並不是扣分的要素。

「白州」Highball 幽幽的甜味中又帶點苦，還有些微的煙燻味，尾韻的木質調香氣令人聯想到森林，喝完之後感覺相當滋潤涼爽。其特點在於口感輕盈，但絕不單薄。

「山崎」和「白州」可謂日本單一麥芽威士忌的代表，兩者的風味皆相當平衡，各種喝法都能享受到不同的魅力；而且這兩支酒的人氣至今仍在飆升。雖然用單一麥芽威士忌調製 Highball 成本上稍嫌奢侈，但若想要慢慢地品嘗單一麥芽威士忌的風味，不妨也試試看這種喝法。

Highball基酒人氣No.1「Nikka from the Barrel」

概要

1985 年推出的「Nikka from the Barrel」是日果威士忌最具代表性的調和威士忌，酒精濃度高達 51%。因為官方網站註明這支酒是「樽出原酒」，所以有些人可能會誤以為它是原桶強度，不過其實酒廠在裝瓶前還是有加最低限度的水，以維持每一批產品的酒精濃度一致。

「Nikka from the Barrel」是先將威士忌原酒調和後，再放回橡木桶內繼續靜置熟陳（這種方式稱作 Marriage），因此喝起來風味更加地穩定。

「Nikka from the Barrel」於 2015 年榮獲國際烈酒競賽（International Spirits Challenge，ISC）最高獎項肯定；也曾於 2009 年的世界威士忌競賽（World Whiskies Awards，WWA）獲得最佳日本調和威士忌獎，更連續 5 年獲得最佳日本調和威士忌無年份組別的獎項，在國際上佳評如潮。

品飲筆記

首先，先純飲。

聞起來有強烈的香草氣息，帶著甜美與一點木質調香氣。喝起來香草風味強勁，酒體厚實，帶點類似餅乾的甜味。它酒精濃度高、風味濃郁，純飲就很好喝；一直到吞下去之前嘴裡都感受得到甜味，尾韻也沒有什麼不討喜的要素。**如果覺得酒精感太刺激，也可以慢慢加水調整**。加一點點水不僅可以柔化口感，還能夠一口氣釋放酒裡面的香氣，轉變為果香調為主，味道也會變得非常圓潤。

接下來試試加冰。喝起來口感變得更加地圓潤，不過溫度降低的同時也壓抑了甜味，尾韻變得有一點苦。可是在喝的瞬間還是感覺非常甜美。

接下來調成 Highball。

喝得到果香和甜味，還有一絲煙燻感，不過沒有任何一項特色會特別搶鋒頭，**整體平衡佳。高酒精濃度意味著味道扎實**，所以喝起來也很有分量，尾韻還能感覺到一絲雪莉桶原酒的水果風味，喝起來非常滿足。

「Nikka from the Barrel」現在很搶手，只要線上通路出現合宜的價格，轉眼之間就會被掃光。不過很多日本超市的酒類賣場也可以找到它，各位不妨多留意。

三得利「響」系列2款作品比較
「Japanese Harmony」&「Blender's Choice」

概要

三得利為了做出日本最頂級的調和威士忌，成立了「響」這個品牌，每一款都是**以「山崎蒸溜所」、「白州蒸溜所」、「知多蒸溜所」的原酒調和而成**。這邊介紹的兩支雖然都是無年份酒款，不過「Blender's Choice」其實包含高年份原酒與紅酒桶原酒，路線上更豐富一些。

品飲筆記

先純飲「Blender's Choice」。

香氣鮮明，甜美感與蜂蜜、柑橘香。口感**不會過度甜膩，果香中還帶著一點辛香料的調性**。尾韻會留下木桶的澀感以及苦甜巧克力的風味。

接著換「Japanese Harmony」。聞起來擁有華麗的果香，不過酒精感也很明顯。喝起來能感覺到**溫柔的甜味和蜂蜜般的厚韻**，尾韻則留下些許辛香料的味道與一點苦味。

接下來試試加冰。

先從「Blender's Choice」開始。加冰後凸顯出柑橘類的清爽風味，給人的印象華麗。尾韻雖然帶苦，但也不是只有苦味被強調，木桶帶來的木質氣味也隱藏其中。

直接再加水調成**水割。感覺甜味減弱，苦味更加放大**。

接下來試試「Japanese Harmony」加冰。冰塊稍微融化之後，原本偏強的酒精刺激感消失了，果香風味更加突出，不過尾韻的苦味也更明顯，建議可以**慢慢加水調整**。

「Japanese Harmony」調成水割後，花香與木質香輕輕穿過鼻腔，含在嘴中升溫後便會出現些微甜味。「響」從以前就是小酒館或酒店寄酒的熱門選項，市場需求旺盛。或許是因為這樣，他們在設計風味時也考量到了加冰或調成水割時的風味平衡。

「Blender's Choice」原本是接替停產的「響 17 年」且瞄準餐飲業推出的產品，不過它的**味道和「響 17 年」的方向其實不太一樣**。

這 2 支酒或許比較難買，但很多酒吧或餐飲店都有存貨，有興趣也可以點來比較味道。

奢侈的居家Highball基酒！「Suntory Royal」

概要

「Suntory Royal」是三得利為紀念創業 60 年推出的產品，定位上是「Suntory Old」高階版。據說這也是三得利創辦人鳥井信治郎的遺作，瓶身設計靈感來自「酒」字中的「酉」。「Suntory Royal」也有容量 660ml 的窄瓶裝版本，而且是旋轉瓶蓋，更容易保存。

品飲筆記

先純飲試試。

香氣非常優雅，有類似青蘋果的果香，還有令人聯想到葡萄乾的漿果香氣。兩種香氣結合得十分融洽，**光憑直覺就能斷定這支酒「很香」**。這些風味給人的印象相當符合「高雅」、「富麗」等形容；味道上甜味明顯，帶著一股蜂蜜般的濃稠、圓融感，尾韻則留下一點葡萄乾般的果香，整體平衡非常好。但不嗜甜的朋友可能會覺得這支酒喝起來稍嫌甜膩。

接下來我想加冰試試。每個人喝加冰威士忌都有自己喜歡的方式，有些人喜歡攪拌到完全冷卻後再喝，有人喜歡放著，感受威士忌風味慢慢變化。這次我選擇後者的喝法。一開始可以喝到成熟莓果的甜味，香草味也被放大，遍布口舌。不過溫度降低，使得尾韻也出現些許苦味。很多人表示這支酒喝起來有雪莉桶那種葡萄乾的滋味，**不過我喝起來也有明顯感受到波本桶那種厚實的香草風味**。喝酒時，溫度也是調節甜味的方法之一，因為隨著冰塊逐漸降溫酒液，酒的甜味會愈來愈不明顯。如果降溫後還是覺得太甜，可以試著加水。

再接著調成水割試試。優雅香氣綻放開來，口感圓潤，又不失厚實度與甜感。尾韻清爽，並且在嘴裡留下一股舒服的花香。

最後試試看調成 Highball。

喝起來充滿果香，口感有些銳利，不過也有一股類似蜂蜜的甜美，給人高級的感覺。它調成 Highball 後味道還是很扎實，所以我認為比起配餐喝，更適合餐後慢慢喝。不過增加氣泡水的比例，調得淡一點的話，我想還是很適合用餐時配著喝。

味道安定的日本調和威士忌「Suntory Old」&「Special Reserve」

概要

這裡我想介紹的「Suntory Old」和「Special Reserve」，是日本威士忌歷史上不得不提的兩支酒。這兩支都很有歷史，「Suntory Old」是於 1950 推出，「Special Reserve」則是 1969 年推出，兩者都是**幾十年來不曾停產的人氣產品**。這兩支日本調和威士忌，都只使用三得利旗下「山崎蒸溜所」、「白州蒸溜所」、「知多蒸溜所」的原酒調和而成。

品飲筆記

先試試「Suntory Old」純飲。

可以感受到來自雪莉桶那種葡萄乾似的華麗果香，還有一股高雅的香氣。味道有豐沛的水果感，酒體相當扎實，酒精感溫順不刺激，喝起來很有分量。加冰後甜感下降，但漂亮的葡萄乾風味還是在嘴中擴散開來，尾韻也留下一股微微的甜味。就算調成 Highball，還是保留了原本豐沛的果香特色，整體風味平衡也很好。結論來說，這是一支**無論怎麼喝都不會走樣的萬能調和威士忌**。

接著喝喝看「Special Reserve」。

純飲可感受到一點清新的青蘋果風味，橡木桶帶來的厚實香草甜美與尾韻的水果風味也很舒服。即使加了冰塊，甜感還是很扎實，同時口感又變得更圓潤，因此**很適合花時間慢慢享受**。調成 Highball 時，青蘋果的味道會更鮮明，也喝得到微微的甘甜與溫潤的口感，尾韻還感受得到酸味與苦味。

這兩支酒早期因為價格不低，很長一段時間都是廣大庶民憧憬的威士忌，但現在日本單一麥芽威士忌的明星光環太亮眼，顯得這兩支酒有被搶走鋒頭、藏在陰影之中的感覺。再加上他們的瓶身設計從以前到現在幾乎沒變過，所以我想也有不少人覺得這樣的造型太老氣。然而他們**擁有日本威士忌獨特的平衡風味**，就算拿來和其他威士忌比較也絕不遜色。

這種方便購買、價格實惠，**風味平衡又好的 Made in Japan 威士忌**，我想也沒有什麼需要挑剔的地方了吧。

足以角逐CP值之王的寶座！3款「Black Nikka」品飲比較

概要

「Black Nikka」是日果威士忌於 **1952 年推出的調和威士忌，歷史相當地悠久**，在日本的銷量也僅次於「三得利角瓶」。它全系列共有四種品項，而這次我選擇了其中比較受歡迎的 3 款：「Deep Blend」、「Rich Blend」、「Special」來品飲。

品飲筆記

先純飲。

我先從「Special」開始。蜂蜜般的香氣，深處藏著馥郁的雪莉桶風味，和一點令人聯想到土地的煙燻感。味道也完全呼應香氣，喝得出**蜂蜜、果乾、泥煤三者的平衡**。

「Deep Blend」則有木質調與飽滿的香草風味，還能喝到背後一點熱帶水果的滋味，**口感相當飽滿有分量**。

「Rich Blend」則有明確來自雪莉桶的富麗風味，還有一股花香。味道則偏鮮爽、輕盈，帶著一絲甘甜與芬芳。

接下來加冰塊試試。

首先是「Special」。加冰後，葡萄乾似的果香風味更加明顯，即使溫度下降也能喝到蜜一般的濃稠甜美。

接著換「Deep Blend」，加了冰塊之後喝起來瞬間變成一股焦香味，甜味降低，泥煤風味跳了出來。雖然味道變得比較苦一點，但整體平衡很好。

然後是「Rich Blend」。冷卻後甜感降低，不過更凸顯了果乾風味。喝起來的印象不若品名的 Rich 那麼豐沛，反而是 3 支裡面苦味最明顯的一支。

再來調成 Highball 試試看。

先從「Special」開始。含一小口在嘴裡，可以感受到水果的風味、滑順的口感，尾韻則留下一點點的煙燻味。

「Deep Blend」酒精濃度較高，調成 Highball 還是可以喝到明顯的酒感，香草甜韻扎實，整體味道也很豐厚，喝起來很有分量。

至於「Rich Blend」一調成 Highball，雪莉桶的風味瞬間被放大。也有加冰時喝到的那種苦味，苦甜之間的平衡相當美妙。

「Black Nikka」系列的 3 支威士忌 CP 值都很高，也很受大眾歡迎。而且每一種喝法都可以品嘗到不一樣的魅力，推薦大家試試看。

日果威士忌睽違6年推出的新產品 調和麥芽威士忌「Nikka Session奏樂」

概要

這是日果威士忌睽違 6 年推出的全新調和麥芽威士忌品牌，以**余市蒸溜所、宮城峽蒸溜所**，以及**日果旗下位於蘇格蘭的班尼富，共 3 間酒廠的麥芽原酒為主軸，再調和許多蘇格蘭麥芽原酒而成**。

品飲筆記

先純飲。

果香四溢、香氣清爽，帶有些許煙燻味和柑橘調的元素，不過整體依然偏向香甜水果的氣息。印象上不算濃郁，卻有蜜一般的甜美滋味，口感也很柔順。若含一大口在嘴裡，吞下去後的尾韻還可以感受到煙燻味。味道雖然微苦，但不至令人反感，整體喝起來非常順口。

加一點水試試看。

加了水後，整體口感變得更柔和，不過苦味也更明顯。原本以為這支酒的酒體算輕盈，但試過才發現它也沒有那麼輕薄，或許是因為蜜一般的甜美增添了厚實感。

接下來加冰試試。

加冰後甜味降低，苦味往前提了一點。不過這個苦味也不是很極端，我認為對習慣威士忌加冰的朋友來說，這樣的苦味還在容許範圍之內。冰透後甜味更不明顯，風味更為清爽。

接著在加冰的狀態下再加點水。

苦味變得柔和，可以感覺到柑橘類的水果滋味。

再試試看調成 Highball。

口感更滑順，柑橘調水果香氣穿過鼻腔帶來清新感。官方網站上也有提供名為「Session Soda」的 Highball 建議比例——**威士忌 1：氣泡水 3**。如果希望調成 Highball 也能確實嚐到「Nikka Session 奏樂」的特色，不妨稍微提高威士忌的比例。話又說回來，建議比例的清爽感很適合吃飯時配著喝，因為酒的個性不會太張揚，口感又輕盈，不會干擾到食物的風味。不過我也建議各位一點一點調整濃度，找到當下自己覺得最適合的比例。

麒麟啤酒新產品「富士 單一穀物威士忌」

概要

「富士單一穀物威士忌」是麒麟啤酒於 2020 年推出的單一穀物威士忌。麒麟旗下的富士御殿場蒸溜所共有 3 座造型不同的蒸餾器，分別生產不同類型的穀物原酒，包含輕盈乾淨的蘇格蘭類型、波本類型，及加拿大威士忌類型，並以這 3 種類型的原酒進行勾兌調和。「富士」的瓶身設計有種高級感，瓶底還有一座小小的富士山。

品飲筆記

先試試純飲。

果香十分甜美，還聞得到一點木桶香。這支和同一時期推出的調和威士忌「陸」相比，更可以明確感受到波本類型原酒的特色。入口時，**口感圓潤且擁有成熟蘋果的風味**，還帶著一點加拿大威士忌類型原酒的辛香料感，尾韻則留下一絲木質調香氣。

加一點水試試看。才加 1 滴水，香氣馬上釋放開來，甜感也增加了。加更多水後，來自橡木桶的單寧也變得更明顯了一些。

接下來加冰。加冰後它的甜味變得更為突出；一般來說加冰都會降低甜味的感受，不過「富士」冷卻之後，那種成熟蘋果的甜味反而跳到前面來，另一方面又有苦甜巧克力的那種苦韻。加冰後整體口感更加滑順，**適合花時間慢慢喝**。

接著試試 Highball。這支酒調成 Highball 後風格頓時清爽了起來。以 1 比 3 比例來說，**味道輕盈卻又保留了些甜味，適合吃飯時配著喝**。如果想要強調更多酒本身的風味，威士忌的比例可以拉高一點。

最後嘗試一下麒麟官方網站上，由麒麟首席調和師──田中城太推薦的喝法。我們需要準備一個大一點的紅酒杯來裝威士忌，並且直接純飲。稍微轉動一下酒杯，香氣會更加展開；以紅酒杯盛裝時，酒液接觸到空氣的部分更多，因此**酒精揮發的過程自然會帶出更強烈的香氣**。另一個喝法，是加入一個大約小指尖大的冰塊，讓威士忌稍微降溫，使風味更加凝鍊。威士忌會隨著飲用溫度與加水多寡而呈現不同的風貌，所以配合喝酒當下的需求調整適合的溫度，也是喝酒的樂趣之一。

4款「格蘭利威」品飲比較

概要

格蘭利威的味道堪稱蘇格蘭威士忌的標準風格，也是不少人心目中單一麥芽威士忌的入門酒款。此外，格蘭利威還是史上第一間英國政府認證的合法威士忌酒廠，其名稱在蓋爾語中的意思為「寧靜溪谷」。

品飲筆記

先純飲「12 年」。香氣清新，有薄荷般的清涼感。入口時有香草、哈密瓜果肉的風味，幾乎喝不到酒精的刺激感。**加冰之後雖然甜感降低，反過來說清涼感也更為突出**。含在嘴裡讓酒液慢慢升溫後，甜味也會慢慢地擴散到整個口腔。調成 Highball 喝也很清爽，而且口感更加柔順，甜味淡雅，尾韻有一點苦。

接著換「創者臻藏（The Glenlivet Founders Reserve）」。它擁有厚重的蜜香，還有類似黑糖和檸檬皮的香氣。和「12 年」相比，「創者臻藏」的**重心比較沉穩一些，酒體偏中等**，說不上清新，但可以喝到似餅乾、黑糖般的甜，口感圓潤，喝起來很有分量。加冰之後，苦味的部分更加明顯，口感更厚實；調成 Highball 時則出現一股前面幾種喝法所沒有的蘋果風味，而苦味也因為氣泡而變得柔和，整杯喝起來口感飽滿。如果說「12 年」的 Highball 是清涼又滑順的風格，那麼「創者臻藏」可以說是**果香四溢的 Highball**。

接著試試看「15 年」。剛倒進杯子時感覺還有點僵硬，不過與空氣接觸後慢慢浮現果香，還有堅果薄皮的那種澀感。味道像顆新鮮的葡萄般滋潤、厚實。加冰後口感變得更溫潤，苦味減輕，味道變得甘甜，可以慢慢享用。

最後是「18 年」。這是 4 支裡面香氣最突出的一支，有明顯的波本桶甜美，加上雪莉桶的果香，風味非常優雅。加冰後口感滑順，溫和風味在嘴中漫開。調成 Highball 時**口感也很滑順，且喝得到類似葡萄乾的果香**，喝起來分量感十足。

這次介紹的 4 支格蘭利威價格都不貴，很多酒吧和餐廳也看得到，而且他們的風味都很平衡，適合以各種方式品嘗。大家有機會不妨也比較看看它們的差異。

差在哪裡？　高級威士忌代名詞「麥卡倫」的經典3品項品飲比較

概要

「麥卡倫」的名聲響亮，不僅創下全球市值最高威士忌的紀錄，甚至擁有一項外號：「單一麥芽界的勞斯萊斯」。

這次我要品飲的是麥卡倫旗下 3 支經典款。「雪莉桶」和「雪莉雙桶」都只以雪莉桶原酒調和而成，「黃金三桶」則是 2 種雪莉桶原酒與 1 種波本桶原酒調和而成。

品飲筆記

首先從「麥卡倫雪莉桶 12 年」開始。香氣部分，花香、葡萄乾似的豐沛果香、香草般的甘甜，還有一點單寧的澀感。味道部分**俐落且輕盈，帶點辛香料感**，還有類似咖啡的香氣與苦韻。加冰後，**來自雪莉桶的葡萄乾風味變得鮮明**。原以為冰塊融化會讓酒喝起來太輕薄，但含在嘴裡仍能感受到陣陣香草的香甜與葡萄乾的風味。冷卻之後得到強調的雪莉桶調性，反而補足了酒體的輕盈感。調成 Highball 後的風味優雅，尾韻留下溫柔的果香。一般拿雪莉桶威士忌調 Highball，都會出現一股明顯的澀味或類似燒橡皮筋的味道，但這支酒或許是因為**酒體輕盈，所以也很適合加氣泡水喝**。

接著換「麥卡倫雪莉雙桶 12 年」。它也是有果香、木質調單寧的澀感，喝起來甜味扎實，尾韻微苦，而這分苦在後段變得更加明顯。整體帶有一種**類似咖啡的厚實感與香氣**。以香氣的華麗程度來說，「雪莉桶」那一支比較突出，而「雙桶」多了一分厚重，加冰時，雪莉桶特有的澀感與咖啡一般的香氣鮮明地跳了出來。調成 Highball 時苦味多少得到緩和，但**口感還是相當扎實，喝起來很飽滿**。

最後是「麥卡倫黃金三桶 12 年」。除了有水果般的酸味和些許類似鳳梨的熱帶感，還有一些來自波本桶的風味。加冰時可以喝到明顯的香草甜與厚度，還有類似檸檬皮的苦味等柑橘調香氣。調成 Highball 時，這些特徵頓時被隱藏起來，變成輕盈爽口的風味，但**如果調濃一點，還是可以享受蜂蜜般的滋味**。

雪莉桶單一麥芽威士忌新經典「格蘭艾樂奇」介紹與品飲比較

概要

一般講到雪莉桶單一麥芽威士忌，最經典的品牌不外乎「麥卡倫」和「大摩」，但現在「格蘭艾樂奇」也已成為新經典品牌之一。格蘭艾樂奇酒廠原本主要是生產調和用原酒的酒廠，前幾年被「威士忌創業之神」比利・沃克（Billy Walker）買下後，開始推出許多官方裝瓶的常規品項，並在國際烈酒競賽上獲得高度讚譽。現在的格蘭艾樂奇已經是許多威迷關注的酒廠之一了。

品飲筆記

這次我要比較標準款的「12 年」、「15 年」。

先喝「12 年」。有類似紅酒的單寧感，還有水果、蜂蜜般的甘醇香氣。含在嘴裡時，會先感覺到蜂蜜般的甜美與果乾的滋味，尾段則有類似咖啡的厚韻，最後則留下可可般的苦味。**它的風味很平衡，對害怕雪莉桶那種澀味的人來說也很順口**。

接著試試「15 年」。這支調和了 Oloroso 雪莉桶和 PX 雪莉桶（極甜）的原酒，風味相當濃郁。「15 年」這支的**口感更濃厚、甜味更重，還有種令人聯想到醬油糰子的甜美滋味**。它的香氣也很奔放，那種果香宛如撒了砂糖的葡萄乾，又彷彿濃縮了大量漿果的香氣，尾韻則帶有些微柑橘氣息。接著我們加入一小顆冰塊，讓酒液慢慢降溫。「12 年」降溫後味道變得比較不甜，果香味更突出，口感也更加清爽。我認為「12 年」和「15 年」都是非常適合加冰塊飲用的酒款。

接下來調成 Highball。

「12 年」的 Highball 口感滑順且充滿果香，喝起來很有分量感。「15 年」調成 Highball 後，葡萄乾似的果香調性則更加明確，尾韻雖然帶有一種彷彿燒橡皮筋的氣味，不過和其他澀味強勁的雪莉桶威士忌相比，這支的風味平衡算非常好了。「格蘭艾樂奇 12 年」**每一年釋出的版本味道都會稍作調整，因此每一支都可以說是喝一支少一支**。

這次介紹的「12 年」和「15 年」兩支個性差異明顯，各位一定能找到自己喜歡的那一支。

威界超新星！甜美魅人雪莉風味！「格蘭多納」

概要

「格蘭多納」也是蘇格蘭雪莉桶單一麥芽威士忌的經典品牌之一。酒廠於 1826 年創立，至今換過好幾個老闆，也順應時代不斷調整製程，目前是歸百富門（Brown-Forman）所有。題外話，「傑克丹尼爾」也是該集團旗下品牌。「格蘭多納」堅持使用雪莉桶熟陳威士忌，一直以來風評都不錯，產品線也很豐富。

品飲筆記

這次要比較「格蘭多納泥煤（Peated）」和「格蘭多納傳統工藝泥煤（Traditionally Peated）」。「格蘭多納」本身是以無泥煤風味為主的酒廠，但這次我刻意選 2 支主打泥煤味的品項。光從名字可能有點難辨別兩支酒的差異，主要來說「泥煤」調和了波本桶、Oloroso 雪莉桶、PX 雪莉桶三種橡木桶的原酒；「傳統工藝泥煤」則調和了雪莉桶原酒與波特桶原酒。

先試試「泥煤」這支。花香、香草的甜美氣息，酒體輕盈，甜美的氣味隨著尾段燒木頭般的煙燻味竄入鼻腔。這支和一般的「格蘭多納」比起來，**少了一點雪莉桶的果香特色，但多了波本桶獨特的香草甜美**。

接著試試「傳統工藝泥煤」。這支有扎實的泥煤香和明確來自雪莉桶的果香，而這兩種強勁且有特色的香氣**交織出更為繁複的風味**。尾韻的煙燻味還帶有一點柑橘氣息和糖蜜般的甜味，留在嘴中久久不散。

接著也試調成 Highball。「泥煤」Highball 的甜味變得不明顯，煙燻的焦香味則是更為突出。「傳統工藝泥煤」Highball 依然喝得到原本雪莉桶的強勁風味，又結合煙燻味，形成一杯很有特色的 Highball。雖然這杯酒喝起來很有分量，但因為太有特色，所以我想就算是喜歡泥煤威士忌的人也不見得能接受。

格蘭多納的酒廠位於高地區，**泥煤味不像艾雷島那樣帶著碘味，更類似燒木頭時那種乾爽、帶點油脂感的氣味。**

日本銷量排名第7的單一麥芽威士忌「湯馬丁」

概要

這裡我想介紹蘇格蘭高地區的湯馬丁酒廠，和他們的基本品項「湯馬丁 12 年」、「湯馬丁傳奇」。

湯馬丁酒廠於 1897 年創立，1974 年成為蘇格蘭最大的麥芽威士忌酒廠。不過 1980 年代因經營不善，1986 年被日本企業收購，成為史上第一間歸屬於日本企業的蘇格蘭威士忌酒廠。現在湯馬丁酒廠降低了產量，致力於提高產品品質與製作單一麥芽威士忌。

也因為湯馬丁是日本企業旗下的酒廠，所以日本超市也很容易買到他們推出的單一麥芽威士忌。而在日本上市的所有單一麥芽蘇格蘭威士忌之中，湯馬丁的銷量也排名第 7（根據 2019 年釀造產業新聞社統計）。

品飲筆記

先試試「傳奇」。聞起來是濃郁的香草，隨後是青蘋果般的果香，整體香氣新鮮且輕盈。一入口馬上感覺到香草與麥芽樸實的甘甜擴散開來，最後留下一點苦韻。酒精感明顯；而且可能是因為使用新桶的關係，**桶味也較明顯**。加冰之後甜味降低，苦味加強。

接著換「湯馬丁 12 年」。這支酒調和了波本桶、再填重組桶、雪莉桶的原酒，然後再放入雪莉桶中繼續熟陳約 8 個月；香氣華麗，有香草，也有葡萄乾之類來自雪莉桶的強烈風味，以酒廠標準品項的定位來說個性非常鮮明。味道上有明顯**來自雪莉桶的豐富果香，還帶有一點點泥煤味**。口味雖然偏甜，但新鮮的酒精感也帶來刺激。它的風味複雜，應該喜歡跟討厭的人會明顯分成兩派。加冰時，冰塊慢慢融化的水會緩和酒精的刺激感，形成圓融的口感。且葡萄乾的風味更明顯，喝起來也更滑順。若以半冰半水的方法喝，平衡會表現得很好。

接下來調製成 Highball。「傳奇」Highball 比想像中還要清爽，尾韻還帶一點苦，給人比較俐落的印象，也很適合配餐喝。「12 年」Highball 則**強調了典型的雪莉桶風味，既有飽滿的果香，又有一些強烈的個性**，而且尾韻還有恰到好處的泥煤味，喝起來很有分量，但不見得每個人都會喜歡。

超人氣「雅柏」5支標準款品飲比較

概要

「雅柏」在所有蘇格蘭威士忌中也是數一數二有個性的品牌。雅柏的酒廠位於艾雷島，是許多泥煤愛好者鍾情的品牌，甚至全球各地都有雅柏的狂熱粉絲。這次我要介紹他們旗下 5 款標準品項。由左至右分別是：「雅柏 10 年」、「雅柏 5 年煙燻小野獸」、「雅柏 ANOA 原酒」、「雅柏漩渦」、「雅柏烏嘎爹」。

品飲筆記

先從「雅柏 10 年」開始。這支是以熟陳 10 年以上的波本桶原酒勾兌而成，**甜感與煙燻感的平衡極為出色**。它的特色之一為柑橘類與消毒水般的香氣，尾韻則帶有一點煙燻焦香。整體來說口感俐落，但是又不失甘甜滋味與圓熟感。加冰之後，焦香味與甜味變更明顯。調成 Highball 時能明顯嘗到麥芽的甜味與香草味。「10 年」**無論用什麼方式喝都能品嘗到它良好的風味平衡**。

接著試試「5 年煙燻小野獸」。這支不僅使用波本桶原酒，還調和了 Oloroso 雪莉桶原酒，整體口感輕盈新鮮，但也確實能品嘗到雪莉桶獨特的風味。

接著換「ANOA」。這支酒用了波本桶原酒，並調配 PX 雪莉桶原酒增添甜味，還加入了初次炙燒橡木桶的原酒，風味相當繁複，**整體口感與香氣都相當飽滿、圓潤**，連煙燻味的部分也相當圓潤。正因為這支的味道偏溫和，所以也少了幾分「雅柏」典型的兇猛感。

接下來這支「漩渦」是以波本桶原酒和法國橡木桶原酒調和，並且為原桶強度裝瓶。香氣一樣有煙燻味，不過還多了一股濕木頭的木質香氣與單寧的澀感。口感算圓潤，尾韻可以感受到辛香料和咖啡般的韻味。加水之後頓時果香四溢，**而且木桶味更鮮明**。

最後是「烏嘎爹」，這支調和了雪莉桶原酒與波本桶原酒，且為原桶強度裝瓶，香氣甜美，帶有煙燻味、類似果乾的水果滋味，還有一點碘酒香，整體風味相當平衡且圓潤。口感則有點堅果、咖啡般的韻味，**還有蜜一般甜美而馥郁的滋味**。

「雅柏」真的很受歡迎，每次他們只要推出限定品項一定馬上就被搶購一空。這 5 款核心的常規品項都不難買，而且都各有特色。

海洋單一麥芽威士忌「波摩」3個年份垂直品飲!?

概要

波摩酒廠位於蘇格蘭的艾雷島，也是三得利集團旗下的知名酒廠之一。波摩是艾雷島上歷史最悠久的酒廠，也是許多人推薦的艾雷泥煤威士忌入門款。波摩的酒款以高雅調性與海洋氣息著稱，因此很多人也稱之為「**海洋單一麥芽威士忌**」。酒廠堅持以傳統工藝製造威士忌，而今天我們就要品嘗看看他們標準的「12 年」、「15 年」、「18 年」。

品飲筆記

先從最基本的「12 年」開始。可以聞到海潮的香氣纏繞著煙燻味，還帶一點溫柔而甜美的蜜香。味道上，煙燻中帶著苦甜巧克力般的厚實滋味，尾韻也有明顯的煙燻氣息，最後留下一股溫和的甜味，整體風味相當地平衡。**「12 年」可以說濃縮了艾雷島麥芽威士忌的優點，味道相當穩重**。

接著是「15 年」，這支酒將在波本桶內熟陳 12 年的原酒換入 Oloroso 雪莉桶中繼續熟陳 3 年，泥煤味比「12 年」沉穩，多了更多葡萄乾的甜美與果香。喝起來也如蜜一樣甘甜，還帶有一點碘味與木質調的尾韻。雖然雪莉桶風味明顯，卻沒有澀感，屬於相當溫柔的果香風味酒款。「15 年」在這 3 支酒裡面也**獲得最多國際烈酒競賽獎項**。

再來是「18 年」。這一支的雪莉桶原酒比例很高，**整體的果香味更加濃郁**。雖然一樣有煙燻味，不過濃郁的成熟漿果香更突出，而且一聞就能感受到熟成多時的風味。味道如巧克力般飽滿、甜美，煙燻氣息在嘴中久久不散。

接著試試加冰。「12 年」加冰後甜味降低，喝起來變有點苦，但果香味還是很突出。「15 年」加冰後甜味變得溫柔，煙燻味也恰到好處。「18 年」降溫後香氣仍然不減，含在嘴中慢慢升溫後，巧克力般的甜美會慢慢浮現並一路延續到尾韻。這三支酒的表現都很平衡，加冰之後的甜味、果香、煙燻味各方面也都恰如其分。

以上介紹的 3 款「波摩」相對於其他威士忌來說都不貴，無論自己買一支或上酒吧點來喝都不會太傷荷包。在所有蘇格蘭威士忌中，波摩算是煙燻味特別明顯的一個牌子，不過其煙燻味背後的風味也相當扎實。

重視風土呈現「布萊迪」2款品飲比較

概要

布萊迪酒廠位於蘇格蘭艾雷島，他們**注重風土特色，堅持以蘇格蘭產的大麥為原料製作威士忌**；同時也相當重視生產資訊透明公開。這裡我想品飲比較布萊迪兩款路線不同的產品，一支是無泥煤的「經典萊迪」，一支是重泥煤的「波夏 10 年」。

品飲筆記

「經典萊迪」是生產過程不使用泥煤燻製麥芽的單一麥芽威士忌，也是「布萊迪」最基本的品項。這支調和了許多不同橡木桶的原酒，充滿果香與麥芽的氣味，中後段柑橘類的香氣與花香味逐漸顯現。味道上，**以麥芽甜與蜂蜜的香甜為主，乾淨的尾韻帶點辛香料風味**，整體風味相當扎實。

加冰之後甜味雖然減弱，但還是可以喝到微微的麥芽甘甜，與蜂蜜般濃郁滑順的口感；含在嘴中稍微升溫之後，還能感受到甜美的尾韻在嘴中擴散。

「波夏 10 年」則是以熟陳 10 年以上的波本桶原酒為主軸，調和法國紅酒桶原酒，聞起來有種燒木頭烤肉般的煙燻味，緊接著是柑橘氣息與西式糕點似的香氣。入口後，先是蜂蜜般的味道，還帶著扎實的柑橘調與甜感，尾韻有股南洋水果的風味。**整體喝起來算是口感俐落的煙燻味威士忌，但背後仍能感受到扎實的果香與甜美**。加冰時，原本的蜂蜜甜更加緊實，甜感變得比較銳利，厚實度也很夠。

除了以上介紹的 2 支酒，布萊迪也有推出超重泥煤的「奧特摩」系列。這系列還在實驗階段，每年推出的品項都還在調整規格。奧特摩是所有蘇格蘭威士忌中泥煤酚值最高的單一麥芽威士忌，風格相當特殊，因此愛喝的人也不少。

布萊迪酒廠的酒場風格相當新穎，尤其注重威士忌的原料、用桶，乃至於風土；**而且一調查就會發現，他們主動公開的資訊非常詳盡。了解酒廠歷史與背景，喝起酒來也會更美味**。接下來他們還會推出怎麼樣的單一麥芽威士忌，真教人拭目以待。

海風的滋味!? 超人氣單一麥芽威士忌「泰斯卡」

概要

「泰斯卡」是來自蘇格蘭斯凱島的單一麥芽威士忌，現在酒廠歸帝亞吉歐集團所有，同時也是提供帝亞吉歐旗下知名品項「約翰走路」調和用原酒的重要存在。雖然酒廠一度面臨慢性水資源不足的問題，但他們前幾年引進海水冷卻系統，終於解決了這個問題，最大年產量也從 190 萬公升大幅提升到 330 萬公升。隨著設備改進，產品的銷量也直線攀升，如今泰斯卡的全球年銷量高達 300 萬支，在日本也赫赫有名。

產品線介紹

斯凱島又名「霧之島」，人們也常形容誕生於當地的「泰斯卡」充滿海風的氣息。泰斯卡旗下產品的酒標上都有一句「MADE BY THE SEA」，這句話正象徵了「泰斯卡」的風味特色。

「泰斯卡」的常規品項不多，也鮮少獨立裝瓶品項，所以初次嘗試的人不需要擔心找不到方向。

泰斯卡酒廠的代表產品為「泰斯卡 10 年」，其強勁的煙燻味與明顯的海潮香，堪稱**島嶼區威士忌的表率**。泰斯卡的官方網站提供一項名為「Spicy Highball」的建議喝法——即在「泰斯卡 10 年」的 Highball 中撒上一點黑胡椒。這樣喝可以呼應泰斯卡本身的辛香料氣息，我也覺得很不賴。

這裡順便介紹「泰斯卡」的其他產品。「泰斯卡 18 年」擁有溫柔的煙燻味與圓融的甜味，帶點溫暖的感覺。「泰斯卡 25 年」則是單一年份酒款，僅使用波本桶原酒且每年僅裝瓶 1 批。其他品項如下：「泰斯卡斯凱（Talisker Skye）」、「泰斯卡風暴（Talisker Storm）」、「泰斯卡波特桶（Talisker Port Ruighe）」、「泰斯卡黑暗風暴（Talisker Dark Storm）」、「泰斯卡酒廠限量版（Talisker Distillers Edition）」等等。

這幾年，泰斯卡的人氣隨著 Highball 大流行而水漲船高，本頻道舉辦的「哪支威士忌最適合調 Highball」問卷調查中，泰斯卡也勇奪第 2 名的佳績。**如今也愈來愈多人著迷於泰斯卡的泥煤煙燻風味和辛香料調的尾韻**。我建議大家一開始可以先喝喝看「10 年」的 Highball。

「百齡罈7年」×「百齡罈12年」差在哪裡？雙年份垂直品飲

概要

「百齡罈」是蘇格蘭調和威士忌的代表品牌，官方推出許多不同年份的酒款。其中「7 年」這個數字是為了紀念 1872 年「百齡罈」創辦人喬治・百齡罈（George Ballantine）推出的第一批年份款威士忌熟陳年數。「7 年」是將熟陳 7 年以上的麥芽原酒再過波本桶繼續熟陳一段時間後才裝瓶，這次我想拿這支和價位相近的「百齡罈 12 年」比較看看。

品飲筆記

先喝「7 年」。聞的時候有蜜香與香草氣息，明顯是來自波本桶的風味，中後段則慢慢出現華麗的花香。入口後，可以嘗到青蘋果、西洋梨，接著是來自橡木桶的香草味，尾韻則留下一點木質調的苦味與甜味。

接著再喝「12 年」。香氣很奔放，有鮮明的花香、蜂蜜香與香草香，但它的花香和「7 年」的花香類型不同，多了一分成熟的感覺。口感圓潤、滑順，綿延的尾韻帶著類似堅果的香氣與煙燻味繚繞鼻腔。

接下來試試看官方推薦的喝法：使用紅酒杯並放入 3 顆左右的冰塊。先試試「7 年」。甜味變得更清爽，而紅酒杯的特色讓整杯酒聞起來香氣更鮮明。我認為當酒液**冷卻至適當的溫度後便可以將冰塊取出**。至於「12 年」加冰後會出現類似焦糖那種濃郁的香甜氣味，整體來說酒體偏重，所以喝起來很有分量，適合花時間慢慢喝。

接著調成 Highball 試試。「7 年」的 Highball 入口時會先感覺一點苦，但緊接著就是滑順的口感與清爽的滋味，**配餐喝不會影響到食物的味道**。「12 年」Highball 也是入口時有一點苦，不過隨後便能感受到成熟果香和一點煙燻味鑽入鼻腔，而且口感很扎實，滿足度很高。

「百齡罈」還有一個魅力，就是推出了很多不同年份的酒款，而且都不難買。**其平衡的風味以及親民的價格，讓百齡罈的全球銷量傲視群雄**。

「起瓦士12年」&「起瓦士水楢桶12年」

概要

全球賣最好的蘇格蘭威士忌前三名分別為約翰走路、百齡罈，再來就是起瓦士了。起瓦士是歷史悠久的調和蘇格蘭威士忌，一般超市也很常見。這裡介紹的2支年份都是12年，不過各有特色。

品飲筆記

先試試「起瓦士12年」。第一印象就是果香與花香，喝的時候則會先感受到類似蜂蜜的味道，接著有熟成蘋果般的果香、香草的甜味與厚度。**整體來說相當順口，是人人都會喜愛的味道**。

至於「起瓦士水楢桶12年」則是先調和了麥芽原酒與穀物原酒，再放入**產量稀少的日本水楢桶熟陳**，號稱是「為日本威迷量身打造的威士忌」。它帶有柳橙般的柑橘香氣，還有梨子般的清爽甜香，味道則是令人聯想到成熟青蘋果的果香，尾韻還帶點辛香料氣息。「水楢桶」和一般的「12年」相比起來明顯更加馥郁。雖然它的口感還算清爽，**但酒體絕對不輕薄，喝起來十分飽滿**，或許還是有人會覺得它喝起來太甜。

接下來加冰試試。「12年」冷卻後還是明顯保留了甜香，口感也依然甜美，不過尾韻帶苦。加冰後雖然沒有純飲時那麼甜，但還是喝得到令人滿足的濃稠蜂蜜感。「水楢桶」加冰後同樣甜度降低，微微的甘甜，尾韻帶點苦，最後在嘴裡留下一股辛香料的風味。

接著調成Highball。「12年」Highball的蜂蜜感更突出，並在嘴中留下一絲蘋果的風味；**酒感既不會太輕又不會太重，風味平衡十分優異**。「水楢桶」Highball則將青蘋果和西洋梨那些成熟水果香甜往前提，甜感一路延續到尾韻；所以相較之下「水楢桶」的Highball喝起來比較有分量一些。話雖如此，兩者的風味都很平衡，口感也很飽滿，其實應該說是不分軒輊，也難怪起瓦士這麼受歡迎了。

起瓦士的名聲歷久不衰，他們的水準穩定，產品線又豐富，而且**無論以什麼方式喝都能備感滿足**。現在他們還有推出小瓶裝套組，降低了挑戰的門檻，有興趣的人不妨試試。

新版「老帕爾」3款品飲比較 風味差異細解

概要

傳說在英國史上有一位名叫湯瑪士・帕爾（Thomas Parr）的人瑞，享嵩壽 152 歲。「老帕爾」的品牌名稱就是為了紀念這位英國史上最長壽的傳奇人物。「老帕爾」在日本也是知名老牌子之一，像吉田茂、田中角榮等重要政治人物都很愛喝這一牌，因為它的瓶身設計很吉利，就算斜著放也不會倒，彷彿象徵「不會被擊倒」、「扶搖直上」的精神。這次我要介紹 2019 年更新瓶裝後的「老帕爾 銀」、「老帕爾 12 年」、「老帕爾 18 年」。

品飲筆記

先從「銀」開始。它的香氣輕盈，感覺得到蜂蜜與香草般的韻味。口感柔順，帶有蜂蜜的甜味與柑橘氣息。**整體口味很輕盈**，沒什麼酒精刺激感。

接著換「12 年」。蜂蜜的味道更重，不過仍屬於輕盈的酒體。味道上也同樣有香草、葡萄乾的氣味，特別的是它尾韻帶一點煙燻味。以常規品項的定位來說，「12 年」的酒體可能輕了一點，但好處是很順口。

再來是「18 年」。香氣很濃烈，聞起來充滿果香，像有點酸的蘋果。風味和前兩者比起來甜感與厚度更扎實，成熟感更明顯，**整體平衡非常優秀**。

接下來加冰喝喝看。「銀」冷卻後麥芽的香氣變得鮮明，甜味也更突出，還感覺得到一點辛香料調性，**整體口感比純飲時更加濃郁，甜味也被放大了**。「12 年」冷卻之後依然保有扎實的甜味，並且充斥嘴中。「18 年」加冰之後，蘋果香氣更加突出，喝起來彷彿整杯酒淋上了蜂蜜。這 3 支酒加冰之後都會有某部分的風味特徵被放大，讓整體平衡更加完整。

接下來調成 Highball。「銀」Highball 喝起來輕盈柔順，尾韻有微微的泥煤味，但不會干擾到食物的味道。「12 年」Highball 甜味更明顯，最後會在嘴裡留下一股彷彿吃過蜂蜜的甜韻。「18 年」Highball 可以喝到一種帶酸的蘋果風味，尾韻則留下蜜一般的甜美氣息。

日本 1989 年修訂酒稅法以前，老帕爾的價格始終居高不下，對很多人來說都是看得到喝不到的高級品。不過現在已經變得好買很多，甚至日本便利商店就能看得到「銀」的迷你瓶裝，花小錢就能品嘗到老帕爾的風味。

日本賣最好的蘇格蘭威士忌「白馬調和威士忌」2款品飲比較

概要

「白馬調和威士忌」堪稱是 CP 值最高的居家 Highball 用威士忌。白馬是 1890 年由創業家／調和師彼得・麥基（Peter Mackie）創立的品牌。蘇格蘭威士忌歷史上有所謂的「五巨頭」，即將蘇格蘭威士忌推廣到全世界的五大推手。彼得正是其中之一，其他四位巨頭則是「海格」的約翰・海格（John Haig）、「帝王」的約翰・杜華（John Dewar）、「約翰走路」的約翰・沃克（John Walker）、「布坎南」（「黑白狗威士忌」的公司）的詹姆斯・布坎南（James Buchanan）。

1908 年，「白馬調和威士忌」成為英國皇室御用品牌。遽聞白馬很早就改採玻璃瓶裝，此舉也帶來驚人銷量。2020 年，白馬甚至成為日本銷量最高的蘇格蘭威士忌，遙遙領先其他品牌，甚至超越第 2 名「百齡罈」將近兩倍。

品飲筆記

這次我要比較無年份的「白馬調和威士忌」和日本通路限定的「白馬 12 年」。

先純飲。令人意外的是，一開始「無年份」的香氣反而比較明顯。不過「12 年」放了一段時間後，便開始出現漿果類的果香。

至於味道部分，「無年份」非常輕盈，酒精感不算明顯，還喝得到一股類似蜂蜜的甜味。**整體風味平衡**，對習慣喝威士忌的人來說應該**可以順順入口**。「12 年」的味道和聞到的一樣有漿果風味，還有些微的泥煤味。口感圓潤，喝得到熟成感，整體味道挺扎實的。

接著加冰試試。「無年份」款冷卻之後香氣依然奔放，雖然味道變得有點苦，但反而襯托出果香。**「12 年」冷卻之後，蜂蜜與馥郁的果香更加突出，尾韻還留下微微的甘甜。**

接著試 Highball。「無年份」調成 Highball 後口感瞬間滑順許多，味道輕盈俐落，不過又帶點果香和些微泥煤味，配餐喝剛剛好。「12 年」調成 Highball 則變得果香四溢，而且也保有扎實的口感。**我認為吃飯時適合喝「無年份」Highball，而「12 年」 Highball 則適合飯後喝。**

「白馬調和威士忌」CP 值很高，一瓶價格不到 1000 日圓。雖然近年來白馬調和威士忌的驚人銷量與 Highball 熱脫不了關係，但我也推薦大家試試加冰或純飲，也許會有意想不到的發現。

「帝王」經典5品項 調成Highball相互比較

概要

「帝王」也是歷史悠久的調和威士忌品牌，旗下用於調和的原酒種類共超過 40 種。近年來由於 Highball 需求高漲，帝王在日本所有蘇格蘭威士忌熱銷排名中也攀升到了第 3 名。這次我挑選帝王旗下 5 個人氣常規品項，分別是「白牌」、「12 年」、「15 年」、「18 年」、「25 年」，並全部調成 Highball 比較風味差異。

品飲筆記

首先試試無年份的「白牌」，可以感覺到梨子和青蘋果等清爽水果風味與酸味在嘴中擴散，還帶有些許的蜂蜜滋味，尾韻扎實的煙燻味竄過鼻腔。**整體來說味道溫和，不會與食物味道衝突**。

接著換「12 年」。12 年的酒瓶變得很沉，瓶蓋也改用軟木塞，高級感遽增。香氣部分可聞到堅果般的氣味，口感滑順溫和，帶有蜂蜜、一點柑橘的味道。尾韻則喝得到木質調，最後留下杏仁般的香氣。

再來是「15 年」。這款是由酒廠現任第七代首席調和師史提芬妮・麥克勞德（Stephanie Macleod）設計的作品，在所有常規品項中屬於較新的一員，不過也曾在國際比賽上奪得金牌。順帶一提「帝王」的產品線從**「15 年」開始，容量都從 700ml 增加至 750ml**。15 年的香氣淡麗，先是清爽的水果香，入口後會慢慢感受到香草的甜韻，尾韻的甜美與些許的苦味綿延不絕，調成 Highball 也確實保留了風味特色。

接下來再換「18 年」。這款酒使用了 John Dewar & Sons 集團旗下 **5 間酒廠的麥芽原酒，勾兌出完美平衡**。調成 Highball 時可以感受到甜而不膩、帶點酸的水果香。味道上，先喝得到堅果般的香氣，再來是香草、蘋果等的風味，尾韻則留下一股木質調的澀感。18 年即使調成 Highball 還是可以充分感受到長時間熟成的滋味。

最後是「25 年」。這款酒總共調和了超過 40 種不同的原酒，調和完畢後再放入名為「Royal Brackla」的橡木桶中繼續熟陳。整體的香氣華麗，令人聯想到繁花與蜂蜜；口感滑順，有熟成水果的滋味，就算調成 Highball 也能喝到**高雅、濃郁且繁複的特色**。

第一次嘗試的人，可以先比較看看「白牌」和「12 年」。

全世界賣最好的美國威士忌？「傑克丹尼爾」的產品線介紹

概要

「傑克丹尼爾」是 1886 年建於美國田納西州林奇堡（Lynchburg）的一間田納西威士忌酒廠。創辦人賈斯柏・丹尼爾（Jasper Newton Daniel）年少時從一位牧師手中接下了威士忌生產設備，從此開啟酒廠經營之路。後來「傑克丹尼爾」成為美國史上第一間聯邦政府承認的合法威士忌酒廠。1904 年，傑克丹尼爾於密蘇里州聖路易斯舉辦的世界博覽會上推出「Old No.7（後來的基本款）」，獲得唯一一面金牌肯定，從此聲名遠播。其穀物配方（原料構成比例）為**「玉米 80%、裸麥 12%、發芽大麥 8%」**，一看就知道高比例的玉米用量是他們的特色之一，而這個組合或許也是全球最知名的穀物配方了。2015 年左右，傑克丹尼爾的年產量約有 1 億 5000 瓶，是全世界最暢銷的美國威士忌。

產品線介紹

首先介紹最基本的「傑克丹尼爾田納西威士忌 OLD No.7」。No.7 一詞的由來至今仍眾說紛紜，比較知名的說法有二：「酒廠的第七號配方」、「傑克（賈斯柏）有 7 位情人，而他最愛的是第 7 位」。據傳傑克本人相當風流，一生都沒有正式娶妻。另外，以傑克丹尼爾加可樂調成的**「Jack Coke」是品牌最知名的調酒**，根據傑克丹尼爾首席蒸餾師表示，**傑克丹尼爾上市後大約有 50%左右都會被拿來加可樂喝。**

下一支是「紳士傑克田納西威士忌」。這是 1988 年推出的酒款，進行 2 次糖楓木炭過濾（Charcoal Mellowing），口感比「OLD No.7」更加柔軟、滑順且細膩。

最後介紹一款 1997 年推出的「傑克丹尼爾精選單桶（Single Barrel）」。這款酒挑選酒廠內暱稱「天使棲地（Angel's Roost）」的倉庫中，位置最高、最特別的幾桶原酒裝瓶推出。因為倉庫上層的溫度比較高，桶內的原酒蒸發速度較快，即「天使稅」較多，代表酒液熟成速度也較快。傑克丹尼爾通常會用上好幾種橡木桶的原酒進行勾兌，確保每一批推出的商品味道穩定；但如果某一桶的狀況特別好，也會選擇直接裝瓶販售，而不會拿來和其他原酒調和。**這款精選單桶喝起來有股高級、特別感，而且單桶的有趣之處，就在於每一個橡木桶的原酒喝起來味道都不太一樣。**

最適合調Highball的威士忌！工藝波本威士忌「美格」

概要

「美格」是日本最大宗的工藝波本威士忌品牌，酒廠目前歸三得利集團所有。美格酒廠是由來自蘇格蘭的山繆家族（Samuels Family）創立；當年羅伯特・山繆（Robert Samuels）搬到美國肯塔基州後，農忙之餘便開始製造威士忌。而羅伯特的孫子，家族第 3 代的泰勒・威廉・山繆（Taylor William Samuels）建造了酒廠，開始正式生產威士忌。

1951 年，家族第 6 代的大比爾・山繆（Bill Samuels Sr.）將酒廠遷址，開始使用**石灰岩過濾湖水（limestone water），並盡可能地不仰賴機械，用以人工方式製造工藝波本威士忌**。1959 年，「美格」正式問世。「美格」堅持以軟紅冬小麥取代裸麥，其獨特的穀物配方：「玉米 70%、軟紅冬小麥 16%、大麥 14%」造就美格獨一無二的圓潤風味。

「美格」的另外一大特徵就是**瓶口處的紅色封蠟**。這個作法出自第 6 代當家夫人瑪姬（Margie Samuels）的發想，據說美格的名稱和 Logo 也是她的創意。

美格的產品線除了基本的「美格」，常見的還有熟陳一段時間後於橡木桶中再投入法國橡木條（inner staves）增添風味的「美格 46」。

品飲筆記

以下比較基本款的「美格」與「美格 46」。

先從純飲開始。「美格」的香草氣味濃烈，甜蜜氣息宛如楓糖漿；**口感柔順且帶有溫柔的香草味**，尾韻嘗得到一股辛香料氣息。

「美格 46」聞起來甜美馥郁，帶木桶香和些微柑橘氣息。味道則會令人聯想到楓糖漿、焦糖，整體口感馥郁，香料風味沉穩。尾韻帶有悠長的木質澀感，熟成風味明顯。

「美格」給人的感覺好像到處都有賣，產量也很大，但其實他們現在的製程依然保有許多手工環節。了解「美格」的歷史，相信品酒時也會別有一番風味。美格也推出很多不同容量的瓶裝，非常推薦各位試試看。

風靡全球的台灣單一麥芽威士忌「噶瑪蘭」

概要

金車集團所有的噶瑪蘭酒廠於 2005 年落成，是台灣第一間威士忌酒廠。金車為長年以來推出許多罐裝咖啡以及礦泉水的台灣老字號飲料廠牌。

噶瑪蘭酒廠曾請來世界級威士忌大師吉姆・斯旺（Jim Swan）擔任酒廠顧問，並在其指導下建立酒廠。噶瑪蘭 2008 年才推出第一支威士忌，不過至今已在各大國際烈酒競賽中**獲得超過 600 座最高金賞與金牌肯定**。

「噶瑪蘭」一鳴驚人的歷史要從 2008 年開始說起。當年知名蘇格蘭威士忌評論家查爾斯・麥克萊恩（Charles Maclean）造訪酒廠，對於「噶瑪蘭」的水準大為驚豔，於是決定偷偷將「噶瑪蘭」送入 2010 年由蘇格蘭某報社舉辦的盲品活動。該品酒會規定滿分為 30 分，而評審員分數給得相當嚴格，幾乎所有參加酒款都不超過 20 分，唯有噶瑪蘭拿到 27 分的高分，力壓群雄。由於當天的評審員完全不知道會場裡藏著一支默默無名的台灣威士忌，因此品牌公開後，大家都跌破了眼鏡。這則新聞在網路上引起熱烈討論，「噶瑪蘭」的名聲也就不脛而走。

噶瑪蘭酒廠所在的宜蘭縣地處亞熱帶氣候，**因此威士忌的熟成速度比蘇格蘭快，天使稅一年也高達 10%，是蘇格蘭的 3 倍左右**。

產品線介紹

接著我想介紹「噶瑪蘭」的部分品項。

先介紹「噶瑪蘭經典」。這是噶瑪蘭於 2008 年推出的**首款單一麥芽威士忌，不僅極具紀念意義**，2010 年在盲品會上驚豔四方的也正是這一支。它調和了波本桶、雪莉桶、全新橡木桶的原酒，層次變化豐富。「噶瑪蘭」的調和團隊自豪表示：「如果只能帶 1 支威士忌到無人島，非噶瑪蘭經典莫屬」。

噶瑪蘭還推出了許多系列的產品，例如價格較親民且常見的「噶瑪蘭珍選 No.1」，還有最能代表「噶瑪蘭」的「獨奏（Solist）」系列。「獨奏」系列都是特別講究橡木桶品質的單桶、原桶強度裝瓶威士忌。

現在「噶瑪蘭」對威迷來說已是相當主流的品牌，各位有機會不妨也了解一下噶瑪蘭獲獎無數的實力。

※照片為作者個人收藏

吸引全球目光的印度威士忌「雅沐特」

概要

印度的「雅沐特」酒廠早在 1948 年便建立，創辦人為拉達・克里許拿（J.N. Radhakrishna Rao Jagdale，簡稱 J.N.R）。1987 年酒廠遷至現址，1989 年遠從英國邀來吉姆・斯旺與哈利・拉弗金（Harry Riffkin）兩位博士擔任顧問，改善威士忌製程、提高品質，誓言做出全世界都能接受的威士忌。2004 年，酒廠決定於威士忌正宗產地——蘇格蘭格拉斯哥推出印度單一麥芽威士忌「雅沐特」。「雅沐特」在梵語中的意思是「生命靈藥」。

雅沐特酒廠雖然位處熱帶地區，不過**夏天氣溫不會超過 37℃，冬天不低於 12℃，在印度全境中屬於相對宜人的氣候，而且海拔也高達 914m**。

印度國土大多屬於熱帶氣候，因此威士忌的熟成速度也是蘇格蘭的 3 倍。單就以天使稅來看，假設橡木桶相同，蘇格蘭一年大約會蒸發 2 ～ 3%的酒液，美國肯塔基州是 12%，而雅沐特酒廠所在的邦加羅爾則是高達 10 ～ 16%。**威士忌在印度熟成 3 年，實質上幾乎等同於在蘇格蘭熟成了 10 年**。其實印度是全球威士忌消費量最大的國家，綜觀全球威士忌銷量，也會發現前幾名都是印度的威士忌。然而一般印度威士忌都是以廢糖蜜發酵後蒸餾成中性酒精，再添加約 10%的少量麥芽威士忌所調配的酒品。所以**雅沐特之所以創新，就是因為他們在印度做出了符合世界標準的單一麥芽威士忌**。

產品線介紹

「雅沐特融合（Amrut Fusion）」的原料包含以蘇格蘭麥芽製成的泥煤麥芽原酒與印度無泥煤麥芽原酒，各自熟陳 4 年後以 **25%泥煤原酒與 75%無泥煤原酒的比例調和**。由於這支酒結合了東西兩方的麥芽，所以品名才取作融合。「雅沐特融合」也是酒廠最知名的品項，威士忌評論家吉姆・莫瑞（Jim Murray）甚至在自己的著作《威士忌聖經 2010》（Jim Murray's Whisky Bible 2010）中對這支酒讚譽有加，不僅**給出 97 分的高分（滿分 100），更稱之為「世界第 3 的威士忌」**。另一款「雅沐特泥煤（Amrut Peated）」則是以泥煤燻製麥芽為原料，並於波本桶熟陳的單一麥芽威士忌，帶有乾爽的泥煤香與柑橘味。**喝起來有煙燻香，甘甜滋味遍布口舌，辛香料調的尾韻令人印象深刻**。這一支也在 2010 年與 2011 年的《威士忌聖經》中得到金牌肯定。

推薦新手的好東西
便於品飲比較的小瓶裝威士忌

概要

常見的一瓶威士忌的容量大多都是 700ml 或 750ml，免稅店可能會看到 1L 瓶裝的版本，有些廠牌也會推出餐飲營業用的超大容量款，但反過來說幾乎很少看到容量較少的小瓶裝款。現在除了一些以前就有的 50ml 樣品酒，許多酒廠也相繼推出 **350ml 的半瓶裝與 180ml、200ml 的小瓶裝**，這個容量也比較方便大眾買回家嘗試。而且小瓶裝的空瓶用途很多，可以拿來裝自己習慣調 Highball 用的威士忌，放在冷凍庫裡面備用；或是分裝自己的酒與其他同好分享、交換。如果你覺得買一瓶正常瓶裝的威士忌門檻太高，不妨先嘗試看看小瓶裝款。

產品線介紹

三得利的「碧 Ao」和「知多」有推出 350ml 的半瓶裝，「山崎」、「白州」、「知多」也定期會推出 180ml 的小瓶裝上架便利商店通路。

而蘇格蘭威士忌的部分，如「麥卡倫 12 年黃金三桶」就推出了半瓶裝版本。帝亞吉歐 Classic Malts 系列也有推出小瓶裝產品；「泰斯卡 10 年」、布萊迪的「經典萊迪」、齊侯門的「齊侯門馬齊爾灣」也都有推出 200ml 瓶裝款；格蘭花格的「10 年」、「12 年」、「15 年」、「105」同樣有推出 200ml 瓶裝款，一次買一整組也沒問題。至於調和威士忌的部分，像是經典的「白馬調和威士忌」、「約翰走路紅牌」、「約翰走路黑牌 12 年」、「帝王白牌」都是便利商店能輕易找到的品項。而以美國威士忌來說，「傑克丹尼爾」、「金賓」、「I.W Harper」、「野火雞 8 年」、「時代」也都有推出小瓶裝版本。

當你的味覺產生變化

品嘗各式各樣威士忌的過程，我們的味覺也會逐漸變化。當我們嘗遍各大品牌的威士忌之後，除了能漸漸找到自己喜歡的口味，累積的味覺經驗也會改變我們的味覺感受，可能某天還會突然喜歡上原本不太喜歡的味道。這正是威士忌的魅力所在，所以我極力推薦大家**積極嘗試沒喝過的品牌**。這樣的變化，正是享威人生中最值得玩味的地方。

洽詢商家一覽

朝日啤酒（株）
〒 130-8602
東京都墨田区吾妻橋 1-23-1
0120-01-1121（顧客諮詢中心）

（株） Whisk-e Ltd
〒 101-0024
東京都千代田区神田和泉町 1-8-11-4F
03-3863-1501

江井嶋酒造（株）
〒 674-0065
兵庫県明石市大久保町西島 919 番地
078-946-1001

雄山（株）
〒 650-0047
兵庫県神戸市中央区港島南町 1-4-6
078-304-5125

D.Gaia Flow Distilling （株）
〒 421-2223
静岡県静岡市葵区落合 555 番地
054-292-2555

麒麟啤酒（株）
〒 164-0001
東京都中野区中野 4-10-2
0120-111-560（客服專線）

堅展實業（株）厚岸蒸溜所
0120-66-1650（客服專線）
https://www.facebook.com/akkeshi.distillery

國分集團總公司（株）
〒 103-8241
東京都中央区日本橋 1-1-1
03-3276-4125

小正嘉之助蒸溜所㈱
〒 899-2421
鹿児島県日置市日吉町神之川 845-3
099-201-7700

（株） Koto Corporation
〒 662-0862
兵庫県西宮市青木町 3-12
0798-71-0030

櫻尾蒸留所
〒 738-8602
広島県廿日市市桜尾1丁目 12－1
0829-32-2111（代表）

笹川酒造（株）
〒 963-0108
福島県郡山市笹川 1-178
024-945-0261

三得利（株）
（Suntory Holdings Limited）
〒 135-8631
東京都港区台場 2-3-3
0120-139-310（客服專線）

CT Spirits Japan （株）
〒 150-0001
東京都渋谷区神宮前 2-26-5
03-6455-5810

（株） Japan Import System
〒 103-0021
東京都中央区日本橋本石町 4-6-7
03-3516-0311

N.Scotch Malt 販賣（株）
〒 173-0004
東京都板橋区板橋 1-8-4
03-3579-8587

寶控股（株）
（Takara Holdings Inc.）
〒 600-8688
京都府下京区四条通烏丸東入長刀鉾町 20
075-241-5111（顧客諮詢中心）

日本帝亞吉歐（株）
本社
〒 107-6243
東京都港区赤坂 9-7-1 ミッドタウン・タワー 43 階
0120-014-969（客服專線）
（平日營業時間 10：00 ～ 17：00。週六日與新年期間不營業）

（株）都光
〒 110-0005
東京都台東区上野 6-16-17 朝日生命上野昭和通ビル 1F
03-3833-3541

長濱浪漫啤酒（株）
〒 526-0056
滋賀県長浜市朝日町 14-1
0749-63-4300

日本百家得（株）
〒 150-0011
東京都渋谷区東 3-13-11A-PLACE 恵比寿東ビル 2F
www.bacardijapan.jp

Helios 酒造（株）
〒 905-0024
沖縄県名護市字許田 405
0980-52-3372

（株） Venture whisky
〒 368-0067
埼玉県秩父市みどりが丘 49
0494-62-4601

日本保樂力加（株）
〒 112-0004
東京都文京区後楽 2-6-1 住友不動産飯田橋ファーストタワー 34F
03-5802-2671

本坊酒造（株）
本社
〒 891-0122
鹿児島県鹿児島市南栄 3 丁目 27 番地
099-210-1210

宮下酒造（株）
〒 703-8258
岡山県岡山市中区西川原 184
086-272-5594

Million 商事（株）
〒 135-0016
東京都江東区東陽 5-26-7
03-3615-0411

MHD 酩悅軒尼詩帝亞吉歐（株）
〒 101-0051
東京都千代田区神田神保町 1-105 神保町三井ビル 13F
03-5217-9777

Lead-off Japan （株）
〒 107-0062
東京都港区青山 7-1-5 コラム南青山 2F
03-5464-8170

若鶴酒造（株）
〒 939-1308
富山県砺波市三郎丸 208
0763-32-3032

PROFILE

CROSSROAD LAB

1990年代投身酒吧業，2000年獨立開業。
經營餐飲店之餘，也於2016年6月開設YouTube頻道「CROSSROAD LAB」。早期摸索階段曾上傳各式各樣的影片，2019年1月起開始上傳以威士忌為主題的影片。
現已成功定型為專業威士忌頻道，另外開設的副頻道也經常分享一些威士忌的新訊。
「CROSSROAD LAB」如今已成日本訂閱數最多的威士忌YouTube頻道。
他還擁有狩獵與吉他講師執照，因此除了威士忌相關話題，他也經常於頻道上開直播與網友談天說地。

参考文献

「完全版　シングルモルトスコッチ大全」土屋 守著（小学館）
「伝説と呼ばれる 至高のウイスキー101」イアン・バクストン 著、土屋 守 著・監修・翻訳、土屋 茉以子翻訳（WAVE出版）
「Malt Whisky Yearbook 2021」Ingvar Ronde著（MagDig Media Ltd）

TITLE

威士忌　360°品飲學

STAFF

出版	瑞昇文化事業股份有限公司
作者	CROSSROAD LAB
譯者	沈俊傑
總編輯	郭湘齡
文字編輯	張聿雯　徐承義
美術編輯	許菩真
排版	謝彥如
製版	印研科技有限公司
印刷	桂林彩色印刷股份有限公司
法律顧問	立勤國際法律事務所　黃沛聲律師
戶名	瑞昇文化事業股份有限公司
劃撥帳號	19598343
地址	新北市中和區景平路464巷2弄1-4號
電話	(02)2945-3191
傳真	(02)2945-3190
網址	www.rising-books.com.tw
Mail	deepblue@rising-books.com.tw
本版日期	2024年5月
定價	450元

ORIGINAL JAPANESE EDITION STAFF

デザイン	TYPEFACE（渡邊民人、清水真理子）
イラスト	内山弘隆
DTP	風間佳子
編集制作	バブーン株式会社（矢作美和、茂木理佳、相澤美沙音、千葉琴莉）

國家圖書館出版品預行編目資料

威士忌360°品飲學：人氣威士忌YouTuber告訴你如何享受威士忌 / CROSSROAD LAB作；沈俊傑譯. -- 初版. -- 新北市：瑞昇文化事業股份有限公司, 2023.03
160面；　21x14.8公分
ISBN 978-986-401-611-2(平裝)
1.CST: 威士忌酒 2.CST: 品酒

463.834　　112000485